COURS D'AMÉNAGEMENT

PROFESSÉ

à l'École Nationale Forestière

PENDANT L'ANNÉE SCOLAIRE 1885 – 1880

PAR

E. REUSS

INSPECTEUR-ADJOINT DES FORÊTS

Répétiteur à la dite École

1er CAHIER

Comprenant l'**Introduction et la 1re Partie du Cours**

NANCY. — IMP. J. ROYER.

COURS D'AMÉNAGEMENT

PROFESSÉ

à l'Ecole Nationale Forestière

PENDANT L'ANNÉE SCOLAIRE 1885 – 1886

par

E. REUSS

INSPECTEUR - ADJOINT DES FORÊTS

Répétiteur à la dite Ecole

1er CAHIER

Comprenant l'**Introduction et la 1re Partie du Cours**

NANCY. — Imp. J. ROYER.

Plan général du Cours.

Introduction.

Objet et définition fondamentale de l'aménagement.. Acceptions diverses du mot aménagement.. De l'aménagement d'une forêt déterminée..

Indication des grandes divisions du cours.

1re Partie.. Principes généraux

__Livre I__. Exposé rapide des principales questions étudiées en économie forestière et indication de la terminologie employée dans le cours.

__Livre II__. Étude détaillée de quelques principes fondamentaux de l'exploitation des forêts. __Chapitre I__. De l'exploitabilité. Des divers genres d'exploitabilités et des catégories de propriétaires auxquelles elles conviennent. __Chapitre II__. Des régimes et des modes de traitement.. Comparaison classique du régime de la futaie et du régime du taillis. Réserves à formuler au sujet de ce parallèle.. __Chapitre III__. De l'ordre des exploitations.. Règles d'assiette des coupes.. __Chapitre IV__. Du rapport soutenu.

2e Partie.. Opérations préliminaires communes à tous les aménagements..

__Chapitre I__.. Reconnaissance générale de la forêt et relevé des faits qui intéressent sa gestion (Statistique générale).. __Chapitre II__.. Choix de l'exploitabilité, du régime et du mode de traitement à adopter. Formation des sections.

3e Partie. – Opérations essentielles, variant suivant la constitution de la forêt considérée, et suivant le mode de traitement auquel elle est destinée à être soumise.

Livre I. – Aménagement des forêts constituées par des peuplements d'un seul âge chacun et que l'on veut continuer à élever en futaies d'un seul âge (On aura surtout en vue l'application du mode dit « du réensemencement naturel et des éclaircies »). – Chapitre I. – Parcellaire. – Chapitre II. – Formation des séries d'exploitation. – Chapitre III. – Choix de la révolution. – Chapitre IV. Exposé sommaire des différentes méthodes d'aménagement (par contenance, par volume, mixtes.). – Chapitre V. – Etude détaillée de la méthode d'aménagement française.

Livre II. – Aménagement des forêts jardinées.

Livre III. – Aménagement à établir pour l'application du mode des éclaircies dans des forêts soumises jusqu'à présent au jardinage. (Transformations).

Livre IV. – Aménagement des taillis simples.

Livre V. – Aménagement des taillis composés.

Livre VI. – Aménagement en futaie, avec création de peuplements de semence d'un seul âge chacun, des forêts traitées antérieurement en taillis (Conversions)

4e Partie. – Systèmes d'aménagement divers dont l'exposé n'a pas trouvé place dans la 3e partie. –

Appendice.

I. – Dispositions législatives et réglementaires concernant l'aménagement des forêts, en France. –

II. – Rédaction d'un projet d'aménagement. –

Introduction.

Article I. – Objet de l'Aménagement. Définition fondamentale. Remarques.

§1. – L'Aménagement des forêts est l'art de réglementer l'exploitation des forêts en vue des besoins de l'homme. –

§2. – Le mot exploitation est pris ici dans le sens de mise en valeur, comme lorsqu'on dit : exploitation d'une ferme, d'une usine, ou encore capital d'exploitation. –

Or, dans les forêts, l'exploitation ainsi entendue consiste principalement dans des coupes de bois, des abatages d'arbres, opérations qui portent également le nom d'exploitations. –

On pourrait donc aussi définir l'aménagement : l'art de régler les exploitations des forêts. –

Il faut toutefois remarquer que l'exploitation entendue dans le sens de mise en valeur d'une forêt comprend un certain nombre d'opérations qui ne sont pas des exploitations dans la seconde acception du mot : par exemple des repeuplements artificiels, des travaux d'assainissement... –

§3. – Dans toute exploitation entendue dans le sens de coupe de bois, on peut distinguer deux effets :

1° La livraison immédiate à la consommation de certains produits ligneux ; –

2° L'action exercée sur la végétation de la forêt et sur sa régénération par l'abatage d'une partie des tiges qui la composent. Cette action constitue le traitement.

C'est pourquoi on a été autorisé à dire que l'objet de l'aménagement est de : régler à la fois les exploitations (réalisations de produits) et le traitement des forêts. — Les exploitations, a-t-on ajouté, répondent aux besoins du moment, le traitement aux besoins de l'avenir.

Mais cette définition a l'inconvénient d'attribuer au mot exploitation un troisième sens, encore plus étroit que le précédent.

§. 4. — Le mot aménagement vient de à et de ménage : aménager une propriété c'est, en effet, en conformer l'exploitation aux besoins du ménage, (mansionaticum) et, par ménage, il ne faut pas seulement entendre l'économie d'une maison (mansio), mais celle d'une Cité, d'un Etat tout entier. —

Les besoins du ménage sont constants et journaliers ou au moins annuels. Au contraire, une forêt telle que la crée la nature est cou[verte] en général, de bois dont les âges et les grosseurs présentent une gradation fort irrégulière. Dans ces conditions, la forêt ne fournit de produits exploitables qu'en quantité inégale d'une année à l'autre et indéterminée. De sorte qu'on peut dire, avec une certaine justesse, en s'inspirant d'[une] observation du jurisconsulte Proudhon, que l'aménagement des forêts consiste à rendre annuels et soutenus des revenus essentiellement intermittents et variables. — Mais il est des cas où cette définition ne convient pas.

§. 5. — Nous appelons l'aménagement un art et non une science.

En effet, une science, dans le sens rigoureux du mot, est un ensemble de connaissances claires et certaines fondées ou sur des principes évidents par eux-mêmes, ou sur des démonstrations, ou sur des observations positives ».[1]

Or l'aménagiste, placé en présence d'une forêt déterminée, ne peut pas se contenter d'appliquer des règles générales basées sur de pareilles connaissances et convenant à tous les cas indistinctement. Comme le médecin, le littérateur, l'artiste, il est obligé de trouver, grâce à son habileté naturelle ou acquise, puis d'employer des procédés variant avec les circonstances. — De plus, le problème qu'il a à résoudre comporte d'ordinaire plusieurs solutions. —

Pour ces motifs, l'aménagement est donc un art, c'est-à-dire une méthode pour bien faire une chose, suivant certaines règles et certains procédés. —

Les principes raisonnés et démontrés constituent la partie scientifique de l'aménagement. Avec le temps cette partie scientifique prendra de plus en plus d'extension, sans que jamais cependant elle fasse complètement disparaître la partie artistique. —

§.6. — L'aménagement repose directement sur deux ordres de connaissances :

1° la connaissance des phénomènes relatifs à la végétation des arbres et des peuplements, ainsi que des lois qui régissent ces phénomènes : c'est la culture des bois ou sylviculture proprement dite.

2° la connaissance des besoins de l'homme et des principes qui président à la production, à la distribution et à la consommation des richesses aptes à satisfaire ces besoins : c'est l'économie politique. —

Outre la sylviculture et l'économie politique, l'aménagiste est conduit à appliquer dans ses travaux plusieurs autres sciences, notamment les mathématiques.

---

[1] Joseph Garnier. Notes et Petits Traités, page 104. — 2e Edition. Paris. Garnier frères et Guillaumin et Cie. 1865. —

Article II. — Autres acceptions du mot Aménagem[ent]
De l'Aménagement d'une forêt.

§7. — Nous avons pris, jusqu'à présent, le mot aménagement dans son acception la plus large, celle où il désigne une bran[che] des connaissances humaines. Ce terme a encore un autre sen[s] il signifie également : action d'appliquer à une propriété boisée, les règles et les procédés qui constituent l'art défini t[out] à l'heure. (Exemple : L'aménagement de cette forêt est une tâch[e] difficile). — Enfin il exprime aussi le résultat de l'opération d[ont] il s'agit (Exemple : L'aménagement de cette forêt est bien fait).

Beaucoup d'auteurs ne donnent même que ces deux derni[ères] significations. Elles dérivent d'ailleurs de la première, en vert[u] d'une filiation conforme au génie de la langue française, [et] ne font naître aucune confusion dans le langage. — Nous n[ous] servirons donc du mot aménagement dans les trois acceptions dont il est habituellement revêtu. —

§.8. — En France, l'étendue de terrain qu'on embrasse dan[s] un travail d'aménagement, est une forêt déterminée, c'est-à-d[ire] une portion de la propriété boisée distincte des portions voisi[nes] par son origine ou par sa situation topographique. En Al[le]-magne, la surface boisée qui fait l'objet d'un aménagem[ent] (Waldcomplex) est la circonscription d'un gérant autonome responsable, ou, du moins, dans cette circonscription, la part qui appartient à un même propriétaire, par exemple l'É[tat]. L'unité technique coïncide donc en Allemagne avec l'unité administrative : elle équivaut, en général, au point de vue de l'étendue, à un de nos cantonnements.—

Pour la France, il résulte de ce qui précède, qu'en prenant le mot aménagement dans sa seconde acception, on le définira : une opération consistant à régler l'exploitation d'une forêt déterminée, en vue des besoins auxquels elle est appelée à satisfaire.

Quant au laps de temps pour lequel sont formulées les prescriptions d'un aménagement, il ne peut pas être indiqué dans une définition générale.— Il varie, en effet, avec le mode de traitement appliqué à la forêt considéré, et s'appelle tantôt une révolution, tantôt une rotation, tantôt une période d'attente. (Ces mots seront définis plus loin).—

Normalement, à une révolution ou à une rotation expirée en succède une nouvelle, et ainsi de suite indéfiniment. On ne change l'aménagement que s'il est reconnu vicieux ou si les circonstances physiques ou économiques au milieu desquelles est placée la forêt considérée ont elles-mêmes changé.—

§ 9.— Un aménagement est indispensable à la gestion rationnelle d'une forêt.

Même l'exécution des opérations purement culturales implique l'existence d'un aménagement, fût-il resté à l'état mental et rudimentaire dans l'esprit du forestier.—

Plus le traitement est complexe, plus la forêt est étendue, plus les intérêts à sauvegarder sont multiples, plus aussi il est nécessaire de donner à l'aménagement une forme concrète et systématique.—

Les liens étroits qui relient l'aménagement à la sylviculture proprement dite n'établissent donc point simplement une dépendance du premier par rapport à la seconde. Le sylviculteur relève aussi dans une certaine mesure de l'aménagiste.— Voilà pourquoi il est difficile de traiter de la sylviculture sans donner en même temps quelques notions sommaires d'aménagement. –

§ 10. – Tout travail d'aménagement doit évidemment commencer par l'étude approfondie de la forêt qui en est l'objet.

Il nécessite aussi la connaissance préalable des besoins auxquels la forêt doit satisfaire. – Ces besoins ne sont pas toujours ceux du propriétaire : dans certains cas, par exemple lorsque la forêt est grevée de droits d'usage, ou qu'elle joue un rôle de protection, l'aménagiste est obligé de tenir compte d'intérêts étrangers à ceux du propriétaire. –

Nous ferons notre profit des deux observations qui précèdent pour dresser le plan du cours. –

Article III. – Plan du Cours. –

§ 11. – Dans une première partie nous traiterons des principes généraux, culturaux et économiques, sur lesquels repose l'exploitation des forêts et, par conséquent, l'art de l'aménagement. Un certain nombre d'entre eux ont déjà été exposés ou indiqués dans le cours de sylviculture ; d'autres seront nouveaux.

Ces notions fondamentales constituent, en raison même de leur généralité, la partie la plus scientifique de l'aménagement. – Nous passerons ensuite à un ordre d'études ayant plutôt un caractère technique, en ce sens que les questions de procédés y tiennent une plus grande place que les considérations générales. – Pour en venir à bout, nous suivrons la marche qu'adoptent généralement les auteurs, car elle est la plus commode et la plus didactique. Nous supposerons avoir à effectuer un aménagement, et nous exposerons, dans leur succession chronologique, les différentes opérations que nécessite cette entreprise.—

Une partie du cours, la deuxième, sera consacrée aux opérations préliminaires, communes à tous les aménagements.—

Dans la troisième partie, nous examinerons les principaux procédés mis en usage par l'aménagiste à l'égard de forêts diversement constituées ou destinées à être soumises à divers modes de traitement.—

Une quatrième partie aura trait à des systèmes d'aménagement d'une nature tout-à-fait sui generis qui n'auront pu rentrer dans aucune des divisions de la partie précédente.—

Enfin, si le temps dont nous disposons le permet, nous ajouterons, dans un appendice, quelques renseignements sur la forme à donner à un projet d'aménagement, et sur les dispositions législatives et administratives qui régissent, en France, l'aménagement des bois soumis au régime forestier.—

Première Partie.
Principes généraux.

Livre I.

Exposé rapide des principales Questions étudiées en Economie forestière et Fixation de la terminologie employée dans le Cours.

Prolégomènes. —

§ 12. — Pour aborder ~~fructueusement~~ l'étude de l'aménagem[ent] il est indispensable d'avoir bien présentes à l'esprit les princip[ales] questions qui sont du domaine de l'Economie forestière et de sa[voir] nettement la façon dont elles se divisent et s'enchaînent. Il fau[t] aussi être bien fixé sur le sens des mots employés pour traiter ces questions.

La division des matières qu'on embrasse et la définition des choses dont on parle sont ce qu'il y a de plus important et de plu[s] difficile dans l'exposé d'un ordre quelconque de connaissances. « Il sera pour moi comme un dieu, dit Platon, celui qui pourra diviser et définir juste. »

§ 13. — Le choix d'une bonne terminologie offre également un intérêt considérable. « La science, a dit Condillac, n'est qu'un langage bien fait », et, si cet aphorisme est quelque peu exagéré, on n'en a pas moins eu raison de regarder un vocabulaire précis comme constituant à la fois la marque et l'instrument du véritable progrès scientifique.

Suivant l'heureuse comparaison du naturaliste Schleiden,(1) les mots servent à faciliter l'échange des idées comme la monnaie sert à l'échange des richesses, et, lorsque cette monnaie n'a pas un titre précis, immuable, il en résulte des incertitudes sur la valeur des choses qu'elle représente. Bien plus, de même que nos relations sociales ont été faussées au point de nous faire oublier le but primitif de l'argent et de nous faire prendre le signe pour la chose elle-même, de même on en est arrivé à attribuer aux mots une valeur propre. De sorte que, lorsqu'ils n'ont pas un sens clair et rigoureusement déterminé, ils conduisent à commettre des paralogismes. — « Le plus souvent, a déclaré quelque part M. de Laveleye, c'est l'obscurité du langage qui provoque l'apparition des doctrines fausses. » Il y a à citer des exemples nombreux de la justesse de cette assertion dans les sciences qui n'ont pas encore un vocabulaire bien fait. —

(1) Voir Beiträge zur Phytogenesis.

Article I. Des Peuplements.—

§ 14.— Un peuplement est un ensemble de tiges couvrant une portion déterminée de terrain forestier.—

Il faut éviter l'emploi du mot bois dans le sens de peuplement à cause des autres acceptions dont ce mot est encore revêtu.

§ 15.— Certains peuplements portent des noms spéciaux suivant l'essence dont ils se composent. Ainsi l'on dit une aunaie, une châtaigneraie, une chênaie, une hêtrée, une pineraie ou pignada une sapinière, une saulaie ou saussaie, pour désigner des peuplements d'aune, de châtaignier, de chêne, de hêtre, de pin de sapin, de saule.

Souvent ces mots s'appliquent à des forêts[1] entières; tel est notamment le cas pour les mots pineraie et sapinière.—

§ 16.— La forme d'un peuplement est le facies qu'il revêt en raison du traitement auquel il est soumis.— Le peuplement composé de brins de semence, par exemple, et le peuplement composé de rejets de souche, ont deux formes distinctes.

Son état de développement[2] est l'aspect qu'il prend, dans une forme déterminée, suivant l'âge et, par conséquent, la grosseur des tiges qui le constituent.—

§ 17.— Au point de vue de la forme, on peut distinguer deux grandes catégories de peuplements: ceux qui sont composés de tiges sensiblement

---

(1) La forêt sera définie plus loin, (§ 34)

(2) Cette expression a été proposée par M. Boppe.

de même âge et, par suite, de mêmes dimensions, et ceux qui sont constitués par des tiges de différents âges, et conséquemment de grosseur et de hauteurs différentes.—

Nous appelerons un peuplement de la 1re catégorie : peuplement d'un seul âge ou d'un même âge ; et un peuplement de la 2e catégorie : peuplement d'âges multiples.— Ces dénominations correspondent aux épithètes allemandes gleichalterig et ungleichalterig.[1]

---

[1] S'il était admis que, dans l'enseignement forestier, on jouît de la même latitude que dans les autres enseignements scientifiques et que l'on tirât du grec ou du latin les termes didactiques nécessaires au professeur pour rendre nettement sa pensée, on pourrait désigner les deux catégories de peuplements dont il s'agit par les épithètes équienne (aequus, annus) et inéquienne, qui sont créées conformément au génie de la langue française, absolument comme le mot pérenne, usité par les botanistes. Ces mots nouveaux seraient plus commodes que les périphrases auxquelles nous sommes obligé d'avoir recours.

Nous ne nous servirons pas, pour désigner les deux sortes de peuplements qui nous occupent, des adjectifs régulier et irrégulier qu'on a généralement employés jusqu'à présent à cet effet.

D'abord régulier signifie, en vertu de son étymologie, conforme à la règle ; par conséquent l'emploi de ce mot pour désigner un peuplement d'un seul âge implique une idée préconçue en faveur de cette catégorie de peuplements, alors que leur supériorité par rapport aux autres est contestée et parfois contestable. D'ailleurs, en fait, la plupart des auteurs qui ont usé de l'adjectif régulier pour parler d'un ensemble de tiges de même âge ont hautement préconisé cette dernière forme de peuplement.

Ensuite les mêmes auteurs ont souvent employé dans d'autres parties de leurs ouvrages le mot régulier dans son sens étymologique, c'est-à-dire dans le sens de normal, pour l'appliquer, par exemple, à une forêt entière dont les peuplements, d'un même âge chacun, présentent considérés dans leur ensemble des âges convenablement gradués. Le terme dont il s'agit n'a donc pas la signification unique et précise que l'on réclame aujourd'hui d'un terme scientifique.

Un troisième motif qui nous fait rejeter le qualificatif régulier lorsque nous avons à désigner un peuplement composé de tiges de même âge, c'est que d'autres auteurs, précisément en raison de la signification courante de ce mot, l'ont appliqué à tous les peuplements bien constitués, qu'ils fussent formés ou non par des sujets de même âge (Voir Bagneris, Manuel de Sylviculture, 2me Édition, page 6).— En voulant nous conformer à certains précédents, nous aurions donc rompu avec d'autres.

Enfin nous ne croyons pas non plus devoir nous servir, dans le sens de « composé

§18. — Les peuplements d'âges multiples se subdivisent, à leur tour, en deux groupes.

Les uns se composent de tiges de tous âges et de toutes dimensions confusément mêlées, de telle sorte qu'il y a toutes les transitions possibles entre les jeunes sujets et les vieux arbres. On peut les désigner sous le nom générique de peuplements d'âges mêlés. — Le type caractéristique de ce groupe est le peuplement jardiné.(1)

Chez les autres, les tiges constitutives appartiennent à un certain nombre de classes de hauteur nettement tranchées, de telle façon que les cîmes des sujets des différentes catégories sont disposées les unes au dessus des autres comme les étages d'un édifice et que le peuplement, dans son ensemble, paraît résulter de la superposition de plusieurs peuplements. — On peut donner à ces peuplements complexes le nom générique de peuplements à étages, ou peuplements étagés. — Le type le plus connu de ce groupe est le taillis-sous-futaie(1).

L'étage inférieur prend le nom de sous-étage ou de sous-bois. —

Il est rare qu'un peuplement ait plus de deux étages. —

§19. — L'âge d'un peuplement d'un seul âge est l'âge moyen des sujets qui le composent. —

Un peuplement d'âges multiples n'a pas d'âge qui puisse lui être attribué. —

---

de tiges de même âge », des épithètes homogène ou uniforme, comme l'a fait, par exemple, M. Bagneris (Manuel, page 5). En effet, ces termes ont, dans la langue usuelle, un sens différent qui rendrait cette acception spéciale gênante et de nature à engendrer la confusion. Du reste les forestiers eux-mêmes appellent souvent uniformes ou homogène un peuplement jardiné ou fureté, (ou encore un taillis-sous-futaie) qui est semblable à lui-même dans toutes ses parties. —

(1) On reviendra plus loin sur ces formes de peuplement.

Pourtant, lorsqu'on a affaire à un peuplement d'âges mêlés, on y considère quelquefois la catégorie de tiges de même âge qui est la plus nombreuse : nous appellerons l'âge de cette catégorie <u>âge prédominant</u> du peuplement.

Quant aux peuplements étagés, on donne séparément l'âge de chacun de leurs étages. Bien entendu que, si l'un des étages est lui-même d'âges mêlés (réserve d'un taillis-sous-futaie, par exemple), on ne peut donner que son âge prédominant. —

§ 20. — La <u>consistance</u> d'un peuplement est le degré d'éloignement ou de rapprochement des sujets qui le composent.

Deux éléments concourent à déterminer la consistance d'un peuplement. C'est d'abord le nombre de tiges existant à l'unité de surface, puis l'amplitude des cîmes qui surmontent ces tiges. — Ces deux éléments peuvent être représentés par des facteurs numériques : celui qui se rapporte au nombre de tiges existant à l'hectare est le <u>Bestockungszahl</u> ou <u>-factor</u> des Allemands. —

§ 21. — Au point de vue de la consistance, les peuplements se divisent en deux catégories : les peuplements <u>formés d'arbres isolés</u> et les peuplements <u>en massif</u>.

Les premiers sont composés de sujets dont les cîmes ne se touchent pas par un temps calme. On peut les appeler aussi peuplements <u>clair-plantés</u>. —

Les seconds sont ceux où les branches se touchent d'une cîme à l'autre, sans être agitées par le vent. — On leur donne, par abréviation, le nom de <u>massifs</u>. Les peuplements que l'on considère le plus souvent sont des massifs.(1)

(1) On appelle aussi souvent <u>massif</u> une grande étendue boisée d'un seul tenant. On dira, par exemple : telle forêt se compose de deux <u>massifs</u>. Cette acception vulgaire du mot massif n'a aucun rapport avec le sens technique défini ci-dessus et ne préjuge rien relativement à la consistance des peuplements. —

§ 22. – Toujours au point de vue de la consistance, un peuplement est complet ou incomplet.

Il est complet quand il présente une consistance (et en particulier un nombre de tiges) en rapport avec sa forme et son âge.

Il est incomplet dans le cas contraire.

Remarquons qu'un massif incomplet (c'est-à-dire un peuplement où l'état de massif est incomplet) n'est pas nécessairement un peuplement incomplet. – Cela dépend de la forme que revêt ce peuplement. Ainsi la réserve d'un taillis-sous-futaie ne doit pas être qualifiée de peuplement incomplet par ce seul motif qu'elle est en massif incomplet, car il est normal qu'elle ait une consistance lâche, qu'elle soit clair-plantée. Mais elle mériterait d'être appelée incomplète si elle présentait sur certains points moins d'arbres que ne le comporte le type de taillis-sous-futaie qu'on veut obtenir. Même observation pour les chênaies telles qu'on les élève en Angleterre. –

§ 23. – On peut se servir de différentes épithètes pour qualifier un peuplement incomplet, suivant l'importance des lacunes qu'il présente.

On est généralement convenu d'appeler interrompu le peuplement où il n'y a que de petites trouées; clairiéré celui où il y a des clairières; entrecoupé celui qui renferme des vides ou places vides [1]

Les adverbes légèrement, assez, etc. permettent d'exprimer les nuances que comportent ces divers états.

§ 24. – Il y a plusieurs degrés dans l'état de massif complet.

Le massif est serré quand les branches d'un sujet s'entrelacent

---

[1] Nous supposons les mots trouées, clairières et vides déjà définis.

avec celles des voisins ; il est *clair* si les cimes ne se touchent que sur quelques points de leur pourtour. — On a recours, comme tout-à-l'heure, à des adverbes pour indiquer les autres degrés de l'échelle.

Quand le massif, sans avoir été interrompu au point d'être incomplet, a été desserré, par exemple par une coupe d'éclaircie, il est dit *éclairci*. —

C'est seulement lorsque l'état de massif a cessé d'exister, par exemple à la suite d'une coupe d'ensemencement, que le massif est dit *interrompu*.

§ 25. — Une *futaie* est un peuplement composé de sujets ayant des *fûts* définitivement constitués, c'est-à-dire ayant des tiges rigides et dégarnies de grosses branches sur une hauteur notable.[1]

Tout peuplement arrivé à l'état de développement dont il vient d'être question reçoit l'appellation de futaie, quelle que soit son origine, qu'il provienne de rejets de souches ou de brins de semence.

Mais les peuplements nés de semences sont ceux qu'on laisse de préférence arriver à l'état de futaies, *croître en futaie*, comme disaient nos pères,[2] attendu qu'ils donnent de meilleures futaies que les autres.

---

(1) C'est là la véritable signification française du mot *futaie*, la seule qu'il possède dans la langue littéraire et dans l'idiome du droit. C'est aussi l'acception que lui donnaient les anciens forestiers, qui ne voyaient dans la futaie qu'un état de développement d'un taillis. Ainsi on lit, par ex., dans le Commentaire sur l'Ordonnance de 1669, par Daniel Jousse, Paris, chez Debure père, 1772, page 210 : « On peut considérer dans les bois différents âges, savoir, 1° Ceux qui se coupent tous les huit ou dix ans, qu'on appelle *bois taillis* ; 2° Ceux qui sont au-dessus, jusqu'à trente ans, appelés *hauts-taillis* ou *hautes tailles*. 3° Ceux qui sont depuis quarante à quarante-cinq ans, jusqu'à soixante, qu'on nomme *hauts-revenus* ou *demi-futaies* ; 4° Ceux qui sont au-dessus de 100 ans, qu'on appelle *hautes futaies*. »

D'ailleurs la terminologie forestière moderne elle-même a conservé au mot futaie son sens primitif dans les expressions *demi-futaies*, *taillis-sous-futaie* et *futaie sur souches*.

Il faut remarquer que le terme allemand qui correspond au mot futaie ainsi défini est *Baumholz* et non pas *Hochwald*. —

(2) Cette expression se retrouve dans le Code forestier, article 16. —

D'ailleurs les futaies, surtout les vieilles, ne sont plus aptes, en général, à se régénérer par rejets de souches, de sorte que, à une futaie sur souches qu'on exploite, il ne peut guère succéder sur le même emplacement qu'un peuplement de brins de semences. Cette circonstance tend à réduire de beaucoup le nombre des futaies sur souches. —

Il résulte des causes qui précèdent qu'en parlant d'une futaie on évoque d'ordinaire l'idée de peuplement né de semence, et de là vient que les créateurs de notre terminologie forestière moderne, M. Baudrillart en tête, ont attribué au mot futaie une seconde signification dont nous nous occuperons plus loin. —

Pour nous, de la connexité qui existe jusqu'à un certain point entre l'idée de futaie et la reproduction par la graine, découlera cette unique conséquence que, en disant futaie tout court, nous aurons généralement en vue un peuplement né de semence; tandis que lorsque nous aurons affaire à une futaie sur souches nous le déclarerons expressément. —

§ 26. — Le moment où un peuplement qui grandit arrive à l'état de futaie n'a rien de précis, pas plus que celui où un enfant devient un homme fait. Il faut donc adopter une convention à cet égard.

Nous admettrons qu'un peuplement est une futaie à partir du moment où le diamètre moyen des tiges qui le composent, mesuré à 1m,30 du sol, a plus de 0m,20.

Cette convention est d'accord avec l'idée que le mot futaie éveille dans la plupart des esprits. —

§ 27. — Une futaie, comme un peuplement d'un âge inférieur, peut être formée d'arbres épars, isolés les uns des autres, ou de sujets crûs en massif. —

Une futaie en massif porte souvent le nom de futaie pleine. —

§ 28. — Les peuplements nés de semence sont depuis longtemps, en raison de leur longévité et de leur valeur technique, l'objet de l'attention particulière des forestiers qui ont, notamment, donné des noms spéciaux aux différents états de développement par lesquels passe chacun d'eux avant d'arriver au terme de son existence.

Nous distinguerons les états suivants :

1° Semis, depuis la naissance du peuplement jusqu'au moment où il commence à former massif.

2° Fourré, depuis la constitution de l'état de massif jusqu'au commencement de la chûte des branches basses.

3° Gaulis, depuis l'époque où les tiges se dénudent par le bas jusqu'à celle où elles atteignent 0m,10 de diamètre à 1m,30 du sol.

4° Perchis, lorsque le peuplement a de 0m,11 à 0m,20 de diamètre moyen à 1m,30 du sol. (Bas-perchis de M. M. Lorentz et Parade).

5° Futaie, lorsqu'il a plus de 0m,20 de diamètre à 1m,30 du sol.

Dans l'état de futaie, nous établirons trois subdivisions :

a) La jeune futaie, qui a de 0m,21 à 0m,35 de diamètre moyen ; (Haut-perchis de M. M. Lorentz et Parade).

b) La futaie moyenne, qui a de 0m,36 à 0m,50 de diamètre moyen ;

c) La vieille futaie, qui a plus de 0m,50 de diamètre moyen.

Ces conventions, qui cadrent avec notre définition de la futaie, ne s'écartent guère des errements suivis jusqu'à présent. — Elles ont de plus l'avantage de concorder avec la classification adoptée par les stations d'expérimentation d'Allemagne et d'Autriche. —

§ 29. — Un taillis est un peuplement formé par des rejets de souches, et non arrivé à l'état de futaie.

Les dénominations de taillis et de futaie rapprochées l'une de l'autre ne constituent pas une antithèse, car elles se rapportent à des ordres d'idées différents : la première est tirée à la fois de l'origine et de l'état de développement d'un peuplement, tandis que la seconde ne repose que sur l'état de développement.

Un taillis est toujours composé d'essences feuillues, au moins en Europe. –

§ 30. – Les taillis n'ont pas, en général, la même longévité que les peuplements de semence ni la même valeur.

Quand on les exploite, ils sont encore aptes à rejeter de souches ; d'un autre côté, ils ne sont pas encore fructifères : dans ces conditions ils se régénèrent indéfiniment par le mode auquel ils ont dû leur origine première. –

§ 31. – Il n'y a pas de terminologie consacrée par l'usage, pour distinguer les divers états de développement par lesquels passe un taillis avant d'arriver à l'âge où il est exploité. Cela tient d'abord à ce que cet âge est généralement peu reculé, puis aussi, à ce que, dans les ouvrages didactiques, on s'occupe moins des taillis que des peuplements de semence. –

Il peut cependant être utile d'adopter une classification de ce genre. Nous nous inspirerons de celle qui est donnée par M. Baudrillart.(1)

Dans la première jeunesse du taillis, tant que le massif ne sera pas constitué, nous lui donnerons le nom de _jeune taillis_ ou _jeune recrû_ (Jusqu'à l'âge de 10 ans _environ_). –

Quand le massif sera constitué et que le peuplement aura une

(1) Dictionnaire général des Eaux et Forêts. V° Taillis. Page 864. Col. 2.

consistance analogue à celle des fourrés de brins de semence, nous l'appellerons <u>moyen taillis</u> (de 10 à 25 ans <u>environ</u>).—

On exploite en général les taillis au plus tard lorsqu'ils sont arrivés à des dimensions qui les rapprochent des perchis nés de semences. Ce sont alors des <u>vieux-taillis</u> (agés de plus de 25 ans).—

§ 32.— Dans certaines circonstances, des peuplements composés de rejets de souches peuvent être maintenus sur pied au delà du terme normal d'abatage des taillis et devenir des futaies. Ils passent alors par des états analogues à ceux des futaies nées de semences. Pour désigner de pareils peuplements, nous nous servirons des appellations <u>jeunes futaies</u>, <u>moyennes futaies</u>, <u>vieilles futaies</u>, en y ajoutant, chaque fois qu'il sera nécessaire, les mots : <u>sur souches</u>.—

Article II : De l'Exploitabilité.—

§ 33.— Un arbre, ou un peuplement, est <u>exploitable</u> quand il réalise le mieux possible le genre d'utilité qu'on réclame de lui.

Quand on parle de <u>bois</u> exploitables, il peut s'agir, à moins de spécification contraire, soit d'arbres considérés isolément soit de peuplements entiers.

<u>L'exploitabilité</u> est la qualité d'un arbre (ou d'un peuplement) exploitable.

Le <u>terme de l'exploitabilité</u> est le laps de temps, le nombre d'années, au bout duquel l'arbre (ou le peuplement) devient exploitable.

Comme nous le verrons dans la suite, il y a autant de genres d'exploitabilités qu'on peut demander à un arbre ou à un peuplement de genres de services différents.—

Article III. — Des Forêts.

§ 34. — Dans l'acceptation la plus large du mot, une forêt est une portion de terrain boisé qui a reçu un nom spécial servant à la distinguer des portion voisines. —

La forêt ainsi définie peut comprendre plusieurs domaines appartenant à des propriétai différents.

En aménagement, il faut entendre par forêt un domaine boisé qui appartient à un seul et même propriétaire, ou qui constitue une propriété indivise. —

L'idée de forêt implique quelquechose de plus vaste qu'un peuplem et, quand on envisage une forêt, on la décompose ordinairement par la pensé en plusieurs peuplements différant entre eux soit par leur forme, soit par leu état de développement, soit par les essences qui les composent, etc. —

Aussi peut-on dire que la forêt est un groupe de peuplements.

Une forêt de médiocre étendue s'appelle d'ordinairt un bois. On a souvent aus employé ce mot pour désigner l'un des peuplements de la forêt considér et même chacun des arbres qui composent ces peuplements. Il faut éviter ces dernières acceptations comme trop peu précises. —

§ 35. — En général, quand une forêt est exploitée systématiquement, on cherche à en tirer des produits annuels d'une grosseur, et, par conséquent, d'un âge donné. — Dès lors, si elle se compose de peuplements d'un seul âge chacun, et c'est le cas le plus simple, il faut qu'elle en présente une succession complète allant des peuplements naissants aux peuplements exploitables. —

Dans un peuplement d'âges mêlés, les sujets des différents âges, depuis le plus jeune jusqu'à l'arbre exploitable peuvent se trouver côte à côte, de sorte que ce peuplement est à lui seul comme un diminutif de la forêt de tout-à-l'heure où l'on aurait morcelé chaque peuplement en une infinité de lambeaux qu'on aurait ensuite confusément mélangés. —

Quant à la forêt composée de peuplements d'âges mêlés, elle constitue un cas encore plus complexe que celui dont il vient d'être question ; c'est comme un groupe de petites forêts dont chacune serait du type indiqué dans l'alinéa précédent.

§ 36. — Dans la théorie, on s'occupe principalement des forêts composées de peuplements d'un seul âge chacun. D'ailleurs nous venons de voir que les forêts des autres types se ramènent au type fondamental que nous avons indiqué en premier lieu.

Aussi, quand nous parlerons d'une <u>forêt</u>, il s'agira toujours, sauf spécification contraire, d'un groupe de peuplements d'un seul âge chacun. —

§ 37. — Lorsque tous les peuplements d'une forêt sont destinés à arriver à l'état de <u>futaies</u>, nous dirons que la forêt est <u>traitée en futaie</u>. —

Une pareille forêt a pour but de fournir des bois de fortes dimensions. Elle se régénère par la semence, soit naturellement soit artificiellement, car ce mode de régénération est, en général, le seul possible, étant donné l'âge des peuplements exploités ; il est en tous cas le meilleur.(1)

---

(1) Il nous paraît regrettable que les hommes si distingués qui ont créé notre terminologie forestière, à commencer par M. Baudrillart (Voir Dictionnaire des Eaux et Forêts. Paris, 1825, Verbis : Futaie, Taillis, Aménagement) aient cru devoir donner à la forêt dont il est question ci-dessus le nom de <u>futaie</u>, tout en conservant à ce mot son sens primitif. Cette définition a, en effet, conduit à appeler <u>futaies</u> tous les peuplements de cette forêt y compris ceux qui, sans être encore des futaies dans l'ancienne acception, sont destinés à le devenir. Dans ces conditions on est arrivé à dire que des semis, des fourrés,

§ 38. – Une forêt peuplée d'essences feuillues est dite traitée en taillis lorsque tous ses peuplements sont et doivent rester à l'état de taillis (Voir § 29.)

---

des gaulis, des bas perchis sont de jeunes futaies, bien que ces peuplements ne soient suivant l'heureuse expression de M. Baudrillart lui-même (Voir Dictionnaire Verbo: taillis. Page 864, col. 2) que des futaies par destination, des recrûs de futaie. – Le mot futaie a donc fini par avoir trois sens différents: 1° peuplement de grands arbres, 2° forêt se régénérant par la semence, 3° peuplement d'un âge quelconque composé de brins de semences. Deux de ces acceptions se rencontrent même simultanément dans l'expression futaie-sur-futaie dont on se sert quelquefois pour désigner un ensemble de gros arbres,
qui surmontent un gaulis ou un perchis de brins de semences. Dans cette expression étrange le mot futaie s'emploie la première fois parce qu'il s'agit d'arbres à fûts constitués, pouvant fort bien être crûs sur souches, la seconde fois parcequ'il s'agit de sujets de franc pied.

Or, à chaque instant, dans l'étude des questions forestières, on a à spécifier si l'on parle des jeunes peuplements, qui ne sont que des futaies futures, ou des peuplements adultes, qui sont des futaies véritables, ou enfin de la forêt entière qui comprend à la fois les uns et les autres. Faute d'avoir des termes distincts pour désigner ces choses si dissemblables, les auteurs forestiers qui veulent être précis, comme M. Broilliard notre maître, sont obligés d'accompagner le mot futaie d'un membre de phrase explicatif (Voir par exemple: Cours d'aménagement. Paris, 1878, page 44. Voir aussi: Rapport à la suite d'une Mission en Roumanie. Bulletin du Ministère de l'agriculture. Fascicule, page 287, alinéas 3 et 4). Quant aux écrivains qui ne prennent pas cette précaution, leur langage est dans bien des cas obscur.

Si, en parlant de futaies, les forestiers ne s'entendent pas toujours nettement entre eux, à plus forte raison risquent-ils d'être mal compris par les personnes étrangères à leurs études notamment par les hommes d'État et les membres des corps électifs. Inversement, les forestiers sont exposés à mal interpréter les décisions des jurisconsultes, pour qui le mot futaie a conservé exclusivement sa vieille signification. Des inconvénients de ce genre arrivent d'ailleurs toutes les fois que dans un idiôme technique, on détourne un mot de son sens vulgaire, pour lui donner une acception nouvelle.

Enfin une conséquence encore plus grave nous paraît avoir découlé du fait d'adopter pour définition fondamentale du mot futaie celle qui consiste à dire que c'est une forêt se régénérant par la semence. C'est que les idées des forestiers ont été influencées par cette définition au point de les conduire parfois à faire trop bon marché des futaies telles qu'on les concevait jadis, c'est-à-dire des groupes d'arbres adultes, de toute origine pour les remplacer systématiquement par des peuplements de brins de semences conformes à la nouvelle

Une pareille forêt a pour but de fournir uniquement des bois de petites dimensions. Elle se régénère à l'aide de rejets de souches. (Voir § 30) C'est d'ailleurs un mode de reproduction à la fois commode et sûr.–

§ 39.– En vertu d'une ellipse analogue à celle qui a fait dénommer futaie une forêt tout entière traitée en futaie, on appelle généralement taillis une forêt traitée en taillis. De là deux acceptions données au mot taillis.

Mais l'inconvénient de cette double acception est moins grand que ceux qui résultent des trois significations diverses du mot futaie, parce que les taillis, étant exploités de bonne heure, ne présentent pas cette multiplicité d'états de développement que présentent les peuplements de brins de semences élevés en futaie. De plus les taillis ne sont pas l'objet de discussions théoriques aussi nombreuses et aussi approfondies que les peuplements de franc pied destinés à croître en futaie.

Aussi nous arrivera-t-il souvent d'appeler, par abréviation, taillis les forêts traitées en taillis.–

§ 40.– Il y a dans beaucoup de régions, notamment dans certaines provinces de la France, des forêts de résineux dont les peuplements sont exploités avant d'arriver à l'état de futaies et sont régénérés par la voie

---

définition.

M. Baudrillart qui, après mûre réflexion, a pris le mot futaie comme équivalent du Hochwald des Allemands, aurait mieux fait, à notre avis, de se servir de l'expression de haute-forêt, qui n'eût pas prêté à la confusion, et qui, du reste, n'eût point été un germanisme, car elle est la traduction littérale du sylva alta, par lequel les Latins, d'après M. Baudrillart lui-même, désignaient les bois de haute futaie. (Voir Dictionnaire V° Futaie. Page 191, col. 1).–

Remarquons enfin que les Allemands ont deux mots parfaitement distincts pour désigner ces deux choses si différentes qui sont le peuplement d'arbres adultes d'une part et d'autre part la forêt dont les peuplements parviennent à cet état. Cette dernière s'appelle seule Hochwald; le peuplement à fûts constitués se nomme Baumholz.–

artificielle (pineraies, forêts d'épicéas et de mélèzes). Ces forêts ne sont pas, pour nous, traitées en futaie. Elles ne sont d'ailleurs pas non plus traitées en taillis; mais, sauf en ce qui concerne le mode de reproduction, elles se rapprochent certainement beaucoup de ces dernières.

Article IV. – De l'exploitations des Forêts. Des Coupes

§ 41. – Les mots exploitation, exploiter, ont, comme nous l'avons déjà fait remarquer, deux acceptions dans le langage forestier.

1° Exploiter une forêt, signifie d'ordinaire la mettre en valeur, en tirer des revenus d'une façon systématique, en ne coupant chaque année qu'une partie des arbres ou des peuplements qui la composent. Le terme exploiter s'entend alors dans le même sens que dans l'expression: exploiter une ferme, une usine. –

2° Exploiter une forêt signifie, dans d'autres circonstances, l'abattre tout entière, en réaliser tout le matériel. Le verbe exploiter a surtout ce sens d'abatage quand il a pour régimes les mots arbre, peuplement.

Le mot exploitation se traduit en allemand, dans le premier cas par Wirthschaft ou Betrieb; dans le second par Fällung. –

Il faut bien indiquer, en français, par le contexte, l'acception dans laquelle les mots dont il s'agit sont employés. –

§ 42. – Le mot coupe a aussi deux significations,

1° Tantôt il désigne l'opération qui consiste à abattre les bois. Dans ce cas il est synonyme du mot exploitation pris dans son second sens et se traduit en allemand par Hieb, Nutzung, Fällung. Exemple. – La coupe de régénération doit se faire en plusieurs fois; – les coupes d'amélioration sont périodiques, etc. –

2° Tantôt il signifie : emplacement où s'opère l'abatage, et se traduit en allemand par Schlag. Exemple : cette coupe de taillis a 4 hectares ; – elle est limitée par des fossés et des bornes ; – les coupes, dans cette forêt, se succèdent de proche en proche, etc. –

Le contexte doit toujours indiquer celle de ces deux significations dont le mot est revêtu dans chaque cas particulier.

Nous substituerons l'expression coupon à coupe, chaque fois qu'il s'agira d'un emplacement désigné à l'avance pour être parcouru par une coupe. –

§ 43. – On exécute, dans une forêt deux sortes de coupes ou exploitations : les coupes de régénération et les coupes d'amélioration.

§ 44. – Les premières portent sur les peuplements exploitables ou réputés tels. Elles ont pour but de les abattre soit en une, soit en plusieurs fois, et, en général, de les remplacer par d'autres, de les régénérer. Elles constituent les coupes ou exploitations proprement dites.

Elles fournissent le principal revenu du propriétaire et leurs produits sont dits, pour cela, produits principaux.

Dans les forêts traitées en futaie et composées de peuplements d'un seul âge chacun (ce sont celles dont on s'occupe le plus) la régénération s'opère et doit, en général, s'effectuer à l'aide de plusieurs coupes successives qui portent les noms de coupe d'ensemencement, coupes secondaires et coupe définitive. Mais on suppose toujours, dans les théories relatives au rendement des forêts, dans ce que les Allemands appellent la « Statique forestière », que la coupe de régénération est faite en une seule fois. Nous nommerons cette coupe fictive : coupe ou exploitation finale.

§ 45. – Les coupes d'amélioration sont destinées, comme leur nom l'indique, à favoriser la végétation des peuplements, en y abattant-

seulement les sujets inutiles ou nuisibles.

On les appelle aussi quelquefois coupes intermédiaires, parcequ'e[lles] se font pendant la vie du peuplement, dans l'intervalle qui sépa[re] sa naissance de son exploitation finale.

Sauf dans ces cas anormaux, elles fournissent des produits beauco[up] moins considérables que les coupes de régénération. Ces produits s'appel[lent] accessoires, secondaires ou intermédiaires. La première épithète ayan[t] un sens spécial dans le langage administratif nous lui préférerion[s] les deux autres.

Les allemands appellent peuplement principal, (Hauptbestand) [la] portion d'un peuplement qui doit rester sur pied au moment où l'[on] va y faire une coupe d'amélioration, et peuplement accessoire (Neben-bestand) celle qui doit être abattue. –

§ 46. – Dans les forêts traitées en futaie et composées de peuplement[s] d'un même âge chacun, on distingue deux catégories de coupes d'amélio-ration : les nettoiements et les éclaircies.

Les nettoiements s'exécutent dans les jeunes peuplements jusqu'à l'ét[at] de gaulis inclusivement ; les éclaircies dans les peuplements plus âgés, jusqu'à l'époque de leur régénération.

Autrefois, quand les nettoiements consistaient dans des « expurgades » de bois blancs et les éclaircies dans l'enlèvement des sujets dominés, il [y] avait une différence bien tranchée entre les deux ordres d'opérations. Aujourd'hui les unes et les autres ont pour but commun le dégagem[ent] des sujets d'avenir appartenant à des essences précieuses. –

Il ne faut pas confondre le nettoiement ainsi défini avec l'opéra[tion] que M. Boppe appelle, pour éviter toute amphibologie, débroussaille-ment, et qui consiste à débarrasser le sol, dans un peuplement d'âge quelconque, de la végétation basse, frutescente ou arborescente, qui le recouvre. Cette opération n'a, en général, sa raison d'être, que dans les coupes d'ensemencement.

§ 47. — Les nettoiements et les éclaircies, ont été imaginés en vue de l'éducation en futaie des peuplements composés de brins de semences d'un seul âge. Dans les taillis, les coupes d'amélioration ont un caractère sui generis et c'est seulement par des motifs d'analogie plus ou moins lointaine qu'on y distingue des nettoiements et des éclaircies.

Dans les forêts traitées en futaie, mais composées de peuplements d'âges mêlés (forêts jardinées), la coupe d'amélioration ou accessoire se confond avec la coupe de régénération ou principale; tout au moins les deux opérations s'exécutent simultanément. On pourrait, à la rigueur, les effectuer à des époques différentes, mais leur distinction serait délicate et on ne voit pas en général l'intérêt qu'il y aurait à la faire. — Cette coupe d'amélioration aurait d'ailleurs également un caractère sui generis, et, en raison de la nature du peuplement sur lequel elle porterait, elle participerait à la fois du nettoiement et de l'éclaircie. —

Article V. Du Capital d'Exploitation.

§ 48. — Pour qu'une forêt puisse fournir à un moment donné, par exemple tous les ans, des bois d'une grosseur et par conséquent d'un âge déterminés, il faut qu'il y existe constamment sur pied des arbres ou des peuplements d'âges convenablement gradués. L'ensemble de ces arbres ou de ces peuplements constitue le capital d'exploitation de la forêt.

Cette expression provient de ce qu'on assimile une forêt, destinée à livrer annuellement à la consommation des bois d'une grosseur donnée, à une ferme, une usine ou un établissement industriel quelcon dont on veut tirer certains produits. En effet, ces prémisses une fois po l'ensemble des arbres ou des peuplements d'âges gradués que doit renfer en permanence la forêt pour bien fonctionner est un facteur de la production absolument comparable à l'outillage de la ferme, de l'usine, de l'entreprise industrielle et il représente comme lui un capital engagé.(1)

§ 49. — La conception du capital d'exploitation doit être sans cesse présente à l'esprit de l'aménagiste. Elle éclaire un grand nombre de questions dont il s'occupe.

Il faut toujours s'engager avec une extrême prudence dans les opérations qui ont pour effet d'entamer le capital d'exploitation d'une forêt, même quand on se propose de le constituer d'une fa plus avantageuse; car, s'il est facile de réaliser une partie du mat engagé dans une forêt, rien n'est plus long et plus malaisé que de rétablir. —

(1) L'emploi du mot capital pour désigner le matériel ligneux engagé d une forêt ne paraît pas tout d'abord être en harmonie avec la définition que donnent de ce mot les économistes lorsqu'ils disent que *c'est le résultat encore subsist du travail antérieur de l'homme*. — En effet, le bois sur pied, suivant la rem de M. Broilliard, présente le caractère de bien naturel plutôt que celui de produit d travail humain, même dans une forêt exploitée systématiquement et régénér par la voie artificielle néanmoins on peut faire entrer le matériel ligneux dans la notio capital tel que l'entendent les économistes en se fondant sur ce qu'ils sont l et l'autre le fruit d'une épargne

Lorsque, sous le nom de capital, on désigne comme on le fait généralement dans la langue ordinaire, une chose échangeable, possédant de valeur, le matériel ligneux d'une forêt mérite, à ce point de vue également, l'appellation de capital. C'est même souvent un capital très-considérable.

Article VI. – Des Régimes ou Méthodes générales d'Exploitation. –

§ 50. – On entend par régime, en économie forestière, la méthode générale d'exploitation, de traitement ou de culture à laquelle on peut soumettre une forêt. –

Cette méthode générale est caractérisée à la fois par l'âge auquel on coupe les bois (arbres ou peuplements) et par la façon dont on opère leur régénération. –

Il y a deux régimes fondamentaux, bien tranchés : celui de la futaie et celui du taillis. –

§ 51. – Le régime de la futaie consiste à traiter les forêts en futaie, (voir § 37) c'est-à-dire à laisser arriver les arbres ou les peuplements jusqu'à un âge assez avancé pour obtenir de gros bois et à les régé-nérer par la semence, seul mode qui soit alors, en général, ou possible ou avantageux. –

Le régime de la futaie est celui qu'applique la nature aux forêts vierges et à celles qui, étant situées dans des régions peu peuplées, ne sont pas encore exploitées systématiquement.

§ 52 – Le régime du taillis consiste à traiter les forêts en taillis (voir § 38) c'est-à-dire à couper soit les tiges prises individuellement soit les peuplements entiers à un âge où ils ne donnent encore que des bois de faibles dimensions, et à les régénérer à l'aide des rejets de souches ou de racines.

En Europe, ce régime ne peut s'appliquer qu'à des essences feuillues.

Il est plus artificiel que le précédent et a dû prendre naissance à une époque relativement récente, lorsque, la population augmentant sur un point donné du globe et l'industrie s'y développant, les besoins en bois de chauffage et en menus bois d'œuvre sont devenus plus considérables et ont nécessité une culture forestière spéciale.

§ 53. — Entre les deux régimes fondamentaux de la futaie et du taillis il y a un régime intermédiaire : c'est celui du *taillis-sous-futaie*. Il consiste à laisser sur pied, lors de l'exploitation en taillis, un certain nombre d'arbres de réserve ou *baliveaux* destinés à n'être exploités qu'à l'un des passages ultérieurs de la coupe de taillis. —

Ces baliveaux sont destinés, en général, à prendre des fûts, et par conséquent, à devenir des arbres de *futaie*, qui fournissent des pièces de bois de grosses dimensions et portent de la semence ; ils constituent d'ailleurs un étage qui surmonte le taillis. De là le nom de *taillis-sous-futaie* donné à cette forme de peuplement complexe. — On l'appelle aussi *taillis composé* parce que le régime du taillis s'y combine, s'y *compose*, tant au point de vue du mode de régénération que de la nature des produits, avec le régime de la futaie. On aurait pu, tout aussi bien, nommer cette forme de peuplement *futaie-sur-taillis* ou même *futaie composée*. —

Pour distinguer les *taillis composés* des *taillis* proprement dits on qualifie souvent ces derniers de *taillis simples*.

Suivant le nombre de baliveaux qu'on réserve au-dessus du taillis et le laps de temps pendant lequel on laisse vivre ces arbres ; on peut créer une infinité de types de peuplements qui rentrent dans la forme du taillis-sous-futaie. Les types qui se trouvent à l'une des extrémités de la série tendent à se confondre avec une forêt traitée en futaie mais dont les divers peuplements seraient morcelés et mélangés (voir § 35, alinéa 3). Les types placés à l'autre extrémité se rapprochent du taillis simple.[1]

Une forêt traitée en taillis-sous-futaie, c'est-à-dire un ensemble de peuplements d'âges divers dont chacun appartient au type complexe du taillis-sous-futaie, est quelquechose de plus complexe encore (voir § 35, alinéa 3). Une pareille forêt est souvent appelée taillis-sous-futaie absolument comme chacun des peuplements dont elle se compose : il faut renoncer à cette abréviation dans le cas où elle laisse régner quelque obscurité dans le langage. —

L'origine du régime du taillis-sous-futaie est sans doute postérieure à celle du taillis simple et la première de ces deux méthodes a dû prendre naissance dans des pays de plaines et de côteaux où la disposition des forêts spontanées a conduit les populations à demander de gros bois d'œuvre à leurs taillis. —

---

(1) C'est l'existence de cette série de types de transition jointe à la particularité que présente chacun d'eux de fournir à la fois des gros bois et des bois de petites dimensions, et de se régénérer concurremment par la semence et par les souches qui doit, selon nous, faire élever le traitement en taillis-sous-futaie au rang de régime intermédiaire entre celui de la futaie et celui du taillis. Seuls les forestiers qui rejettent comme anti-scientifiques les types de taillis composés où la réserve est l'élément prédominant nous paraissent être dans la logique en rattachant le traitement en taillis-sous-futaie à celui du taillis simple et en les considérant tous deux comme des modalités du régime du taillis. —

Les allemands distinguent aussi trois méthodes principales de traitement (Wirthschafts ou Betriebsmethoden), et le nom de Mittelwald ou forêt moyenne qu'ils donnent à la forêt traitée en taillis-sous-futaie indique clairement qu'ils la regardent comme un type intermédiaire entre la forêt traitée en futaie (Hochwald) et la forêt traitée en taillis (Niederwald).

Quant au cours de culture de M. M. Lorentz et Parade, bien que franchement défavorable aux taillis à réserve très-nombreuse, il place également le traitement en taillis-sous-futaie sur la même ligne que les traitements en taillis simple et en futaie et il les appelle les trois principales méthodes de culture ou d'exploitation (5e édit. §§ 631 et 632).

§ 54. — A côté des trois méthodes générales d'exploitation dont no venons de parler il en existe d'autres moins importantes, parfo même arriérées et barbares, mais dignes d'être notées à cause de l'éta des régions où elles sont encore pratiquées. Nous les désignerons le nom de <u>régimes accessoires</u>; et nous distinguerons deux de ces ré <u>l'éducation de perchis régénérés artificiellement</u>, et l'éducation de <u>tê de branches</u>.

§ 55. — La méthode accessoire la plus compatible avec les prog de l'agriculture, est celle qui consiste à élever des peuplements de diverses essences, mais surtout d'essences résineuses jusqu'à l'état perchis, pour en obtenir des perches à mines, des perches à houbl des poteaux télégraphiques, etc., puis à les régénérer par la voi artificielle, vers l'âge de 30 ou 40 ans, avant qu'ils soient devenus des futaies fertiles. Cette méthode, dont il a déjà été question au § 40 se rapproche beaucoup du régime du taillis: elle fournit des produ similaires et exerce une action analogue sur l'état du sol. Bi qu'elle soit appliquée dans différentes parties de la France elle n semble pas avoir reçu de nom spécial dans notre langue.

§ 56. — Dans certains pays de montagnes, notamment dans les Alpes et les Pyrénées, les populations se livrent encore à une pratiq qui consiste à couper soit annuellement, soit tous les 2 ou 6 an les branches des arbres de leurs forêts pour les faire servir tant au chauffage ou à l'industrie, tantôt à la nourriture ou à la litière des bestiaux. — Cette pratique se rattache comme la précéde au régime du taillis, en ce sens que les branches que l'on exploit sur les fûts sont analogues aux rejets qui se développent sur les souches ; elles constituent comme des taillis aériens. Aussi le nom de taillis de branches, proposé par M. Boppe pour désigner ce régime lui convient-il fort bien. — Pourtant nous ferons remarquer que cette pratique, contrairement à celle du taillis proprement dit peut aussi s'appliquer à nos essences résineuses.

Article VII. — Des Modes d'Exploitation ou de traitement.

§ 57. — Tout en appliquant un même régime, on peut exploiter les forêts, traiter les peuplements, de différentes façons ; car, à côté des deux éléments qui caractérisent un régime (âge des bois exploités et mode de régénération employé) on peut s'imposer une infinité d'autres conditions. Ces divers procédés d'exploitation et d'éducation des peuplements qu'on peut concevoir dans un même régime, ces diverses modalités qu'admet son application, s'appellent modes d'exploitation ou modes de traitement.

Il est bien entendu, d'ailleurs, que seules les modalités importantes, qui donnent à la forêt une physionomie particulière et influent sur la nature des produits obtenus, méritent d'être étudiées sous des noms spéciaux. —

Section I. — Modalités du Régime de la Futaie. —

§ 58. — Le régime de la futaie admet plusieurs modes de traitement qui se rangent sous deux chefs principaux :

A) Exploitation d'arbres considérés individuellement et extraits çà et là du milieu des peuplements où ils ont vécu ;

B) Exploitation de peuplements entiers ou exploitation par coupes localisées.

A). *Exploitation d'arbres considérés individuellement.* — § 59. — Ce proc constitue le mode du *jardinage*. Appliqué systématiquement, il cons à créer des peuplements d'âges mêlés où croissent côte à côte des suj de tout âge « depuis le jeune brin jusqu'à la vieille écorce ».(1)

Etant donné le sens étroit que nous attribuons au mot *futaie*, il se -blerait, au premier abord, que nous dussions éviter l'emploi de ce term pour désigner un peuplement jardiné et, à fortiori pour désigner une fo entière composée de pareils peuplements. Pourtant, comme dans chacu ces peuplements ce sont en général les arbres de $0^m,20$ de diamètre et dessus qui frappent les yeux, les plus jeunes tiges ne servant pour a dire que de remplissage, il n'est pas illogique de les qualifier de *futa jardinées*.

§ 60. — Le jardinage a été considéré pendant longtemps, dans les écoles comme une pratique anti-scientifique et primitive à laquelle on ne avoir recours que très-rarement. Il est vrai que c'est le mode d'exploit qu'appliquent aveuglément les populations montagnardes dans les part accessibles des forêts livrées à leur discrétion : le jardinage consiste alors abattre, sans aucune règle et sur des points quelconques, les arbres néce aux besoins et aux caprices du moment. — Mais on a fini par reconnaît qu'il y a quelque exagération à mettre sur le compte du procédé lu même tous les abus qu'accompagnent parfois son emploi et on a remarq que le jardinage, pratiqué avec méthode, présente de grands avantag à différents points de vue. Ce sont surtout les mécomptes éprouvés dan l'application du traitement dit « régulier » qui ont déterminé le mo -vement de réaction en faveur de l'ancien mode de jouissance. Aujour on est généralement d'avis, en France, que le jardinage doit occuper une l

(1) Lorentz et Parade, Cours de culture, 5e Edition, § 535.

place dans une sylviculture rationnelle. En Allemagne il s'est même produit un tel revirement contre les idées professées jadis par Hartig et Cotta que certains hommes de valeur vont jusqu'à regarder le jardinage comme le mode de traitement par excellence des résineux.—

B).- <u>Exploitation de peuplements, par coupes localisées</u>.— § 61.— Au lieu d'extraire les arbres çà et là du sein des massifs, on peut, avons-nous dit, concentrer les exploitations sur des espaces restreints où l'on enlève en une seule fois, soit tout le matériel sur pied, soit au moins, une fraction notable de ce matériel. Dans ce système, que les Allemands appellent <u>Schlagwirthschaft</u>, et que nous nommerons <u>système des coupes localisées</u>, il n'y a qu'une portion peu étendue de la forêt, qui soit exploitée, mise en régénération à un moment donné, et les peuplements obtenus sont des peuplements <u>d'un seul âge</u> chacun.—

L'exploitation par coupes localisées, appliquée au régime de la futaie, comprend un grand nombre de modes qui se rattachent à deux systèmes différents:

b_1) Tantôt le peuplement à exploiter est abattu en une seule fois; nous appellerons ce système: <u>exploitation par coupe unique</u>;

b_2) Tantôt il est enlevé en plusieurs fois; ce sera le système d'<u>exploitation par coupes échelonnées ou successives</u>.—

b_1). <u>Exploitation par coupe unique</u>.— § 62.— L'exploitation des futaies par coupe unique est le système le plus ancien, celui qui était seul universellement appliqué avant l'invention par Hartig du mode dit « du réensemencement naturel et des éclaircies ».

Dans ce système, nous distinguerons deux subdivisions:

α) <u>l'exploitation par coupes à blanc-étoc</u>.

β) <u>l'exploitation avec réserve</u>.

α). Exploitation par coupes à blanc-étoc. — § 63. — Sous cette rub[illegible] se rangent différents modes, par exemple les deux suivants qui consistent

1°. Aller de proche en proche, à tire et aire ou plutôt à tire-aire comme portent les documents les plus anciens ; —

2°. Diviser la forêt en bandes parallèles et exploiter alternativem[ent] une bande sur deux, procédé décrit par M. M. Lorentz et Parade (1) cours de culture, 5e Edition, § 507) pour le traitement de l'épicéa

Maintenant, soit qu'on aille de proche en proche, soit qu'on fasse les coupes en alternant, on peut avoir recours tantôt à la rég[éné]-ration naturelle, tantôt à la régénération artificielle. De là en différents modes, par exemple celui qui a été proposé à une cert[aine] époque par M. Séguinard pour la forêt domaniale de Montécot [...] et-Loir).

β. — Exploitation avec réserve. — § 64. — Dans cette catégorie on peut égale[ment] imaginer plusieurs modalités qui correspondent aux précédentes av[ec la] différence que les coupes, au lieu d'être exécutées à blanc-étoc, sont p[...] d'une réserve destinée à rester sur pied jusqu'à l'exploitation du nouveau [peu]-plement.

Celui de ces modes qui est le plus connu en France, est regardé gén[érale]-lement comme institué par l'Ordonnance de 1669, dont l'article XI tit[...] prescrit de faire « choix de dix arbres en chacun arpent de fustaye ou haut [...] des plus vifs et de plus belle venue, de chêne, s'il se peut, brin de bois [...] grosseur compétente ». On ajoute que ce mode consiste « à asseoir les [...] par contenances égales, de proche en proche et sans rien laisser en arr[ière] Enfin on l'appelle « modéâtire et aire »(2). Nous aurons à revenir plus [...]

(1) Lorentz et Parade. Cours de culture. 5e Edition, § 550. —

(2) Ibidem.

sur cette manière d'exploiter et nous examinerons jusqu'à quel point elle a été réglementaire dans nos forêts traitées en futaie et si le nom qu'on lui a donné est bien choisi. –

b_2. – Exploitation par coupes successives. – § 65. – Ce système d'exploitation a pour type le mode dit du réensemencement naturel et des éclaircies, formulé par Hartig à la fin du siècle dernier, signalé à l'attention des forestiers français par Baudrillart, enseigné et peu à peu perfectionné dans notre pays par Lorentz et Parade et leurs continuateurs. Il consiste essentiellement à obtenir la régénération naturelle des vieux massifs à l'aide de coupes de régénération de trois ordres, dites coupes d'ensemencement, secondaires[1] et définitive ; puis à favoriser la croissance des jeunes peuplements ainsi créés, au moyen de deux sortes de coupes d'amélioration, les nettoiements et les éclaircies. Cette dernière pratique avait d'ailleurs déjà été recommandée en France par Varenne de Fenille.

§ 66. – On conçoit que le nombre des coupes secondaires puisse être augmenté indéfiniment. D'autre part on sait que la quantité de bois qu'on exploite chaque année dans une forêt traitée avec méthode est sensiblement constante. Il résulte de là que, plus on fait de coupes secondaires successives, moins on enlève de bois sur un point donné et plus l'étendue qu'on parcourt chaque année est grande. – Dans ces conditions, on arrive évidemment à faire porter la coupe annuelle sur des arbres tellement éloignés les uns des autres qu'on se rapproche beaucoup du jardinage. L'exploitation est un quasi-jardinage, localisé dans une portion de la forêt. – Aussi les Allemands appellent-

(1) Primitivement on ne faisait qu'une seule coupe secondaire. –

-ils ce mode de traitement caractérisé par un grand nombre coupes de régénération successives : <u>Femelschlagwirthschaft</u> (<u>Femelwirthschaft</u>, jardinage ; <u>Schlagwirthschaft</u> traitem par coupes localisées), pour bien indiquer qu'il établit une tr -sition entre le système de l'exploitation d'arbres épars et de l'exploitation de peuplements entiers par trois, deux ou mê une seule coupe. — Nous pourrions l'appeler <u>mode jardinatoire</u> donnant à ce dernier adjectif le sens de : <u>analogue au jardina</u> et en renonçant à nous en servir pour qualifier les jardinages proprement dits. —

Section II. — Modalités du Régime du Taillis. —

§67. — Ce régime, comme celui de la futaie, comporte l'ex -tation par coupes localisées et l'exploitation par pieds d'ar Mais ici, à l'inverse de ce qui a lieu pour les futaies, l'exp -tation par coupes localisées a été, de tout temps, beaucoup répandue que l'autre et c'est elle, sans doute, qui a été la prem dans l'ordre chronologique. —

A) — <u>Exploitation de peuplements, par coupes localisées</u>. — §67 Le mode le plus habituel consiste à recéper les peuplements à étoc, sans autre forme de procès et à attendre que les rejets se p -duisent l'année suivante. Dans la Statistique forestière de 187 ce mode est appelé : <u>taillis simple ordinaire</u>. Généralement les coupes sont assises à <u>tire-aire</u>, c'est-à-dire de proche en proche.

Lorsque le taillis se compose de peuplements de chêne pur qu'on écorce en vue de la fabrication du tan, on peut le con -dérer comme soumis pour ce motif à un mode de traitement spé qui a reçu, en Allemagne, le nom de Schälwaldwirthschaft. Mais il ne paraît pas y avoir grand intérêt à séparer les taillis à écorces des autres taillis simples.

§ 69. — Un autre mode porte le nom de sartage. C'est une combinaison de la culture agricole avec la culture forestière opérée dans certaines contrées où le sol est pauvre et ne peut donner des récoltes de céréales que grâce à de longues jachères qui sont précisément consacrées à la production ligneuse. Après chaque exploitation en taillis, on cultive pendant un ou deux ans dans les intervalles des cépées de l'orge, du seigle ou des pommes de terre, puis on laisse le bois croître plus ou moins longtemps. —

En général le sol, avant d'être ensemencé, est, au préalable écobué, c'est-à-dire qu'on brûle les plantes et les détritus qui se trouvent à la surface. C'est ainsi que l'on opère dans les Ardennes et dans l'Odenwald. D'autres fois, on bêche le terrain sans l'écobuer. —

Le mode de sartage s'applique surtout aux taillis de chêne à écorces situés sur les sols schisteux. — Il tend à être abandonné en raison des progrès de l'agriculture et de l'industrie et du développement des voies de transport. — Lorsque les intervalles qui séparent deux exploitations forestières consécutives sont tellement longs que, au moment du recépage, les souches ont perdu en grande partie la faculté de rejeter, on est obligé de reconstituer les peuplements, après les récoltes agricoles, à l'aide de semis artificiels et l'on sort du régime du taillis proprement dit. Nous parlerons de cette autre sorte de sartage à propos des régimes accessoires. —

B). — Exploitation de sujets pris çà et là dans les peuplements.

§ 70. Le mode, connu sous le nom de furetage, représente dans le régime du taillis ce qu'est le jardinage dans le régime de la futaie. Il « consiste à n'abattre de chaque cépée que les plus grosses perches propres à être converties en bois de corde. En place des perches coupées naissent de nouveaux rejets qui prospèrent sous le couvert des tiges conservées jusqu'au moment où celles-ci ayant atteint la grosseur qui les rend exploitables, sont coupées à leur tour. Les souches des taillis furetés présentent ainsi des bois de deux et même de trois âges

Le furetage se pratique dans les taillis de hêtre de différentes régions notamment du Morvan, du Jura Suisse, du Chablais et du Faucigny.—

Section III.— Modalités du Régime du Taillis composé.—

§ 71.— Sous ce nom on comprend, nous l'avons vu, une infinité de formes intermédiaires qui relient les deux types extrêmes du taillis simple et de la futaie jardinée, absolument comme les sections coniques passent, par des transitions insensibles, du cercle à une courbe de nature essentiellement opposée, l'hyperbole. Cette circonstance, jointe à la complexité du taillis composé (qui présente deux étages, dont l'un est généralement d'âges mêlés) cette double circonstance, disons-nous, rend difficile le groupement des formes diverses du taillis composé en un certain nombre de modes nettement définis. Nous allons pourtant essayer d'établir une classification rationnelle, en nous plaçant successivement à deux points de vue : celui de l'âge et celui du nombre des baliveaux.

A.) <u>Classification basée sur l'âge des baliveaux</u>.— § 72.— Conformément au langage des anciens forestiers, consacré par les Ordonnances de 1669 et 1[illegible]

---

(1) Lorentz et Parade. Cours de Culture. 5e Edition. § 613.—

les <u>baliveaux</u> ou arbres de réserve portent différents noms suivant le nombre de fois qu'ils ont survécu au taillis.

Les baliveaux réservés une première fois et choisis, par conséquent, parmi les perches du taillis sont des <u>baliveaux de l'âge</u>. – Les baliveaux réservés pour la deuxième fois, et ayant par conséquent le double de l'âge du taillis sont des <u>baliveaux modernes</u>. – Ceux qui sont réservés pour la troisième fois deviennent des <u>baliveaux anciens</u>. – Enfin les baliveaux très âgés qui ont été réservés un grand nombre de fois sont des <u>vieilles écorces</u>. –

Il y a intérêt à établir parmi les baliveaux anciens une classification plus précise que celle qui consiste à appeler simplement vieilles écorces les plus vieux d'entre eux. – Nous adopterons celle qui a été proposée par M. Broilliard, et, chaque fois que nous voudrons préciser, nous nommerons <u>baliveaux anciens</u> (proprement dits) les arbres qui ont trois fois l'âge du taillis au moment de la coupe; – <u>baliveaux bisanciens</u> ceux qui ont quatre fois cet âge; – <u>trisanciens</u> ceux qui ont cinq fois cet âge, etc. –

On a pris l'habitude, dans la pratique d'appeler, par abréviation, <u>baliveau</u> tout court, le <u>baliveau de l'âge</u>. Cela a naturellement conduit à ne plus donner le nom de baliveaux aux modernes et aux anciens et à désigner les arbres de réserve de toute catégorie sous le nom générique de <u>réserves</u>. – Nous considérons cette coutume comme regrettable parce qu'elle est contraire à la terminologie traditionnelle et réglementaire, qu'elle peut occasionner des méprises, enfin qu'elle a fait donner au mot de <u>réserve</u> une nouvelle signification outre celle d'<u>ensemble du matériel réservé</u> qu'il possédait déjà. Il vaudrait mieux selon nous remplacer dans la pratique l'expression de baliveau de l'âge par le terme de <u>jeunet</u> qu'on emploie dans certaines régions. –

§ 73. – Cela posé, nous distinguerons les taillis composés du <u>premier</u>, du second, du troisième, etc. degré,[1] suivant que l'on y réservera des baliveaux de l'âge seulement, ou des baliveaux de l'âge et des modernes, ou des baliveaux de l'âge, des modernes et des anciens, etc. –

Cette classification a son utilité dans la théorie. – Dans la pratique, on ne réalise guère systématiquement que les taillis composés du 1er degré, qui sont assez nombreux surtout dans l'Ouest et le centre de la France, entre les mains des particuliers.[2]

B) – Classification basée sur le nombre des baliveaux. – § 74. – Laissant de côté, maintenant, le point de vue où nous sommes placés jusqu'à présent, nous allons nous occuper uniquement de la quantité des

(1) Ces expressions nous ont été suggérées par M: Bartet.

(2) Les auteurs ont, en général, rattaché les taillis que nous appelons du 1er degré aux taillis simples, en se fondant sur ce qu'ils se rapprochent beaucoup de ces derniers par la nature des produits, l'action exercée sur le sol, etc. Mais nous croyons que l'existence d'une réserve établit une différence tellement tranchée entre ces taillis et les taillis simples, qu'il faut éviter de confondre ces deux formes de peuplement surtout, du moment que nous considérons le taillis composé comme un régime intermédiaire qui relie par une chaîne continue les deux types extrêmes du taillis simple et de la futaie jardinée.

Quant à l'objection qui consiste à dire que les taillis du 1er degré ne sont pas des taillis-sous-futaie, parceque les baliveaux y sont généralement exploités avant d'atteindre la dimension minimum que nous avons assignée aux arbres de futaie (0m,20 de diamètre à 1m,30 du sol), nous y répondrons en faisant observer que dans la science forestière, comme dans beaucoup d'autres, il est impossible d'établir des classifications mathématiques qui ne donnent pas prise à la critique sur certains points. – D'ailleurs, pour annihiler l'objection, il suffit de ne plus prendre l'expression de taillis-sous-futaie comme exactement synonyme de taillis composé et de déclarer que le régime du taillis composé comprend des formes de peuplement où la réserve est trop jeune pour être qualifiée de futaie et d'autres où elle mérite cette appellation : ces dernières seules seront alors des taillis-sous-futaie

baliveaux, sans tenir compte de leur âge. — Cette quantité peut varier du simple au centuple et au delà, d'où l'existence d'un nombre considérable de types allant du taillis simple à la futaie jardinée. Nous grouperons cette série de formes sous deux chefs principaux : le taillis composé à réserve peu nombreuse et le taillis composé à réserve très-nombreuse. —

§ 75. — Lorsque la réserve couvrira au plus le tiers de la surface du terrain, nous dirons qu'elle est peu nombreuse et cette forme de taillis composé ayant été préconisée, pour des raisons que nous n'avons pas à examiner ici, par Cotta et les forestiers les plus éminents de son école, nous appellerons le mode de traitement qui a pour but de la réaliser : mode de Cotta. — Les taillis composés soumis à ce mode se rapprochent plus ou moins des taillis simples.

§ 76. — Le second mode de traitement que nous distinguerons dans le régime du taillis composé est celui qui consiste à élever une réserve très-nombreuse, c'est-à-dire couvrant au moins les deux tiers du terrain. C'est la manière de concevoir le taillis-sous-futaie la plus conforme à la tradition française, celle qu'ont en vue les Ordonnances de 1669 et de 1827 et à laquelle on tend à se ranger aujourd'hui, même en Allemagne. — On peut donner aux peuplements calqués sur ce type le nom de futaies-sur-taillis, pour indiquer que c'est la futaie qui en est l'élément prépondérant et que le taillis n'est que l'accessoire, le remplissage, la pépinière où se recrute la réserve.[1]

L'application du mode de la futaie-sur-taillis conduit à créer des

---

[1] Si le terme de taillis-sous-futaie n'avait pas déjà pris un sens étendu qu'il est impossible de lui enlever, on aurait la ressource de l'appliquer exclusivement, par opposition à la futaie-sur-taillis, au taillis composé de Cotta. —

forêts analogues aux forêts jardinées.[1]

§77. — Entre le taillis composé de Cotta et la futaie-sur-tail[lis] on peut concevoir des types intermédiaires où la réserve couvre p[lus] que le tiers et moins que les deux tiers du terrain. Mais on aura[it] tort, croyons-nous, de vouloir les ériger en un 3me mode, interméd[iaire] entre les deux précédents. D'abord les formes dont il s'agit n'ont j[amais] été poursuivies systématiquement, que nous sachions; ensuite il est i[m]-possible, dans la pratique, de limiter le couvert de la réserve d'[un] taillis juste au tiers ou aux deux tiers de la surface du terrain. I[l] vaut donc mieux laisser une certaine marge à l'appréciation e[t] admettre que le taillis composé présente seulement deux types bien cara[c]-térisés à l'un ou l'autre desquels on rattachera suivant les cas les ty[pes] intermédiaires. —

§78. — Pour établir une classification dans le régime du taill[is] composé, nous nous sommes placés successivement à deux poi[nts] de vue absolument différents et avons créé ainsi des divisions ind[é]-pendantes l'une de l'autre. Mais il est évident que, dans la p[ra]-tique, les formes que nous avons décrites se combinent: ainsi il peut y avoir des futaies-sur-taillis de différents degrés; inversem[ent] le taillis composé du troisième degré par exemple, peut être [du] type de Cotta ou du type futaie-sur-taillis. — Plus le degré d'[...]

(1) Il est inutile de faire remarquer que s'il y a similitude entre [un] peuplement jardiné et une futaie-sur-taillis, il n'y a jamais identité. D'abord la réserve d'un taillis composé bien caractérisé n'est pas en mass[if], c'est une futaie clair-plantée qui présente des intervalles où peuvent s[e] développer les cépées du sous-bois. De plus, les âges des arbres de réserve so[nt] tous, au moment de l'exploitation du taillis, des multiples de l'âge du taillis, et ils diffèr[ent] constamment entre eux d'un nombre d'années égal à ce dernier âge. — Ainsi soit n

futaie-sur-taillis est élevé plus elle se rapproche d'une futaie jardinée riche en gros arbres. — Au contraire, plus un taillis du type de Cotta est d'un degré inférieur plus il tend à se confondre avec le taillis simple. —

§ 79. — Les taillis composés étant des peuplements complexes, à deux étages, on conçoit que chaque étage pris à part puisse être soumis à divers traitements. Ainsi, par exemple, le sous-bois peut être sarté ou fureté, ou exploité par le mode ordinaire. — Dans l'étude des taillis composés il faut toujours s'occuper de chacun des deux étages séparément puis de leur action réciproque l'un sur l'autre. —

Section IV. — Modalités des Régimes accessoires. —

1° <u>Education de perchis régénérés artificiellement</u>. — § 80. — A ce régime accessoire, se rattache, outre le mode que nous avons mentionné au § 55 et que l'on peut appeler <u>mode ordinaire</u>, une pratique qui consiste à faire suivre chaque exploitation d'un défrichement, puis à livrer, pendant quelques années, à la culture agricole, le sol amendé et enrichi par la végétation forestière. Cette sorte de <u>sartage</u> s'opère notamment dans le département de la Sarthe, à l'égard de pineraies

---

terme d'exploitation du taillis et p le nombre de fois maximum qu'un baliveau a été réservé, les âges d'un peuplement de taillis composé aux différentes années comprises entre deux exploitations consécutives seront exprimés par des termes généraux :

0	n	$2n$	$3n$ . . .	pn
1	$n+1$	$2n+1$	$3n+1$ . .	$pn+1$
2	$n+2$	$2n+2$	$3n+2$ . .	$pn+2$
— — —	— — —	— — —	— — —	— — —
$n-1$	$n+n-1$	$2n+n-1$	$3n+n-1$	$pn+n-1$
n	$2n$	$3n$	$4n$	$(p+1)n$

de pin maritime[1]. — Les auteurs allemands décrivent, sous le nom d[e]
Röderwaldwirthschaft, un système analogue qui comporte des semi[s]
de chêne, de pin et de mélèze qu'on laisse croître pendant une quara[n]-taine d'années, et auxquels succèdent après le défrichement une réc[olte]
de pommes de terre et une récolte de seigle ou d'avoine. —

2° Taillis de branches. — § 81. — Ils sont traités soit par le mod[e]
de l'étêtement, soit par celui de l'émonde.

On fait de l'étêtement lorsqu'on comprend dans l'opération l'abl[ation]
de la pousse terminale du sujet. Les arbres étêtés s'appellent des têtards.
Il y a, dans le Béarn, des forêts communales traitées suivant ce mo[de]
qui présente aux yeux des populations, l'avantage de mettre les je[unes]
rejets à l'abri de la dent des bestiaux et de faire considérer chaq[ue]
canton comme constamment défensable.

On émonde lorsqu'on se contente d'enlever les branches latérales. —
Dans certains pays on émonde les ormes à l'automne pour en don[ner]
les feuilles à manger aux moutons. — En Carinthie, notamment dans l[a]
haute vallée de la Drave, on émonde les épicéas en vue de se procurer
de la litière. Il ne faut pas confondre l'émonde avec l'émondage.

Article VIII. — Des Conversions et des Transformations

§ 82. — Lorsque, dans une forêt, on substitue un régime à un
autre, on opère une conversion. — Comme il y a trois régimes, on [peut]
faire 3 × (3 − 1) = 6 sortes de conversions. —

La seule conversion qui soit fréquente dans la pratique et q[ui]

---

(1) Voir A. Noël. Notes sur la statistique des forêts de l'Ouest de la France. Paris

ait été étudiée théoriquement est la conversion d'une forêt traitée en taillis en une forêt traitée en futaie. On l'appelle généralement conversion de taillis en futaie. – Pour nous, étant donné le sens unique que nous attribuons au mot futaie, cette manière de parler ne sera qu'une abréviation. –

§ 83. – Si, sans quitter un régime, on change de mode de traitement, on fait une transformation. –

La transformation la plus commune est celle qui consiste dans la substitution du mode de réensemencement naturel et des éclaircies au mode du jardinage.

Article IX. – Des Classes d'Ages. –

§ 84. – Lorsqu'on considère une forêt composée de peuplements d'un seul âge chacun et qu'on groupe tous les peuplements de cette forêt en un certain nombre de catégories, telles que les âges moyens de ces catégories croissent d'une quantité constante, on forme des classes d'âges. –

Dans les forêts traitées en futaies, les Allemands établissent généralement 5 classes d'âges conformément à l'une des répartitions suivantes:

5e classe	Peuplements	de 1 à 25 ans	ou de 1 à 24	ou de 1 à 20.
4e "	"	26 à 50 "	" 25 à 48	" 21 à 40.
3e "	"	51 à 75 "	" 49 à 72	" 41 à 60.
4e "	"	76 à 100 "	" 73 à 96	" 61 à 80.
1e "	"	101 et au dessus	97 et au dessus	81 et au dessus.

En France, on se contente généralement de dire que les peuplements, au point de vue de leur âge, se partagent en trois groupes:

Jeunes bois : Peuplements de 1 à 50 ans environ
Bois d'âge moyen " de 51 à 100 "
Vieux bois " de plus de 100 ans.

§ 85. – On peut étendre l'idée des classes d'âges aux forêts jard[illegible] en disant que chaque classe y est extrêmement morcelée et constit[illegible] par une infinité d'éléments qui se superposent parfois les uns a[illegible] autres. –

Article X. – Du Peuplement normal. – De la Forê[illegible] normale. – Du Capital d'Exploitation normal. –

1° Du Peuplement normal. – § 86. – Un peuplement est norm[illegible] lorsqu'il répond au type idéal qu'on peut raisonnablement cherch[illegible] à réaliser, étant donnés : sa station, son essence, le traitement qu'on [illegible] applique, (la forme dans laquelle on l'élève), enfin son âge.

Il résulte de cette définition que l'épithète de normal attribuée à [illegible] peuplement n'a rien d'absolu et que tel peuplement qui sera norm[illegible] dans tel mode de traitement ou à tel âge sera anormal [illegible] d'autres circonstances. –

Ce que nous appelons peuplement normal correspond à ce que cert[illegible] auteurs, par exemple M. Bagneris[1] appellent peuplement régulier.

2° De la Forêt normale. – § 87. – Une forêt est dans l'état norma[illegible] est normale, quand elle est conforme au type idéal qu'on peut raisonnabl[illegible] se proposer de réaliser étant donnés : sa station, les essences qui la com[illegible]-sent, l'exploitabilité et le mode de traitement qu'on a choisis. –

(1) Voir Manuel de Sylviculture. 2e Edition, page 6. –

Si, au lieu de se placer à la fois sur le terrain cultural et le terrain économique, on n'examinait les choses qu'à ce dernier point de vue, on pourrait dire que la forêt normale est celle qui est constituée de façon à permettre d'en tirer à perpétuité, <u>en des temps égaux</u>, des quantités égales de bois exploitables. — C'est là en effet le but qu'on cherche à atteindre en aménagement.

Comme les laps de temps égaux qu'on considère généralement sont les années, la définition précédente peut d'ordinaire se remplacer par celle-ci :

La forêt normale est celle qui est constituée de façon à fournir <u>tous les ans</u> des quantités égales de bois exploitables.

§ 88. — Conséquemment, lorsqu'on a affaire à une forêt composée de peuplements d'un seul âge chacun, il ne suffit pas, pour être en droit de la qualifier de normale, que les peuplements considérés isolément soient normaux ; il faut, en outre, qu'ils présentent, sur des surfaces égales, une gradation d'âges complète, depuis le peuplement naissant jusqu'au peuplement exploitable. Cela résulte forcément de ce qui a été dit dans le § 87.(1) —

Cette gradation d'âges est la gradation normale ; de sorte qu'on peut déclarer qu'une forêt du genre de celles dont nous nous occupons actuellement est <u>normale quand elle est composée de peuplements normaux et qu'elle présente la gradation d'âges normale</u>. —

Il faut admettre d'ailleurs que la gradation d'âges normale

(1) L'égalité des surfaces occupées par les divers peuplements ne doit évidemment exister que si le sol de la forêt est homogène au point de vue de la fertilité. Si le sol était d'une productivité variable d'un point à un autre ce serait une anomalie qu'on ne saurait faire disparaître, et réaliser l'état normal dans la mesure où le permettrait cette anomalie consisterait à faire occuper aux peuplements des différents âges des surfaces inversement proportionnelles à la fertilité du sol. —

existe, même quand ce sont seulement les différentes classes d'âges qui occupent des surfaces égales et non pas les divers peuplements.

Comme l'on considère, en général, des forêts composées de peuplements d'un seul âge chacun (Voir § 36), il s'en suit qu'en parlant d'une forêt normale on vise, sauf avis contraire, la définition qui vient d'être donnée. —

Pour les Allemands, les conditions de l'état normal se réduisent strictement à celles qui ont été énoncées. Mais, d'après les idées françaises, pour qu'une forêt composée de peuplements d'un seul âge chacun soit normale, il faut, en outre, que chaque classe d'âge soit d'un seul tenant.[1]

§ 89. — Les forêts composées de peuplements d'âges multiples, comme par exemple, les forêts jardinées, doivent, comme les autres, pour être qualifiées de normales, être constituées de telle façon qu'elles fournissent tous les ans des quantités égales de bois exploitables.

Mais ici, on ne peut plus ajouter que les peuplements doivent présenter la gradation d'âges normale; car chaque peuplement renferme à lui seul des sujets d'âges gradués.

Il ne serait d'ailleurs pas tout-à-fait exact non plus d'assimiler purement et simplement ces forêts aux forêts à peuplements d'un seul âge, en disant que les premières ne diffèrent des secondes que par le morcellement des classes d'âges; — ni de déclarer qu'une forêt jardinée, par exemple, est normale quand la surface totale occupée par l'ensemble des fragments d'une même classe d'âge est constante d'une classe à l'autre

[1] M. M. Lorentz et Parade décrivent sous le nom de futaie régulière (Cours de culture, 5e Edition, § 437) une forêt normale traitée par le mode du réensemencement naturel et des éclaircies. Ils emploient d'ailleurs aussi, dans certains cas, le terme normal pour exprimer l'état que le forestier doit chercher à réaliser dans une forêt (Voir notamment §§ 473, 640, 674). —

En effet, dans les forêts jardinées, les sujets se superposent en partie, de sorte que la somme des surfaces des classes d'âges peut fort bien être plus grande que la surface de la forêt. De plus, la végétation, dans les forêts jardinées, est trop irrégulière pour que l'on puisse établir une relation exacte entre l'âge des sujets et les surfaces qu'ils couvrent. La seule énonciation qu'il y ait donc à faire au sujet de la forêt jardinée normale, c'est que les tiges de différentes grosseurs y sont dans des proportions telles que tous les ans le même nombre de sujets y deviennent exploitables. —

3° <u>Du Capital d'exploitation normal</u>. — § 90. — Le capital d'exploitation (voir § 48) qui existerait dans la forêt normale correspondant à chaque cas particulier est le <u>capital d'exploitation normal</u>. —

Dans une forêt normale composée de n peuplements d'un seul âge chacun, le capital comprend tous les peuplements sauf le peuplement exploitable, soit les (n − 1) plus jeunes peuplements. — Dans une forêt normale composée de peuplements d'âges multiples, le capital comprend toutes les tiges sauf les arbres exploitables. —

Quand une forêt est normale le capital d'exploitation représente un certain volume de matière ligneuse qu'on peut appeler <u>matériel normal</u>.

Mais l'inverse n'est pas vrai : le matériel normal peut se rencontrer dans une forêt sans que le capital d'exploitation normal existe, sans que l'état normal soit réalisé. Ainsi, par exemple, le matériel normal peut être obtenu uniquement avec des bois d'âge moyen. —

La constitution du capital d'exploitation normal doit être le but de tout aménagement. —

Article X. — Des Révolutions. Des Périodes. Des Rotations.

1° Des Révolutions. — § 91. — On appelle révolution le laps de tem[ps] adopté (déterminé à l'avance) pour la régénération successive de to[us] les peuplements d'une forêt, qu'elle soit traitée en taillis ou en fu[taie].

L'idée de révolution implique celle d'abatage de peuplements entiers. Il n'y a pas de révolution dans les forêts où les coupes ne sont pas localisées. —

A l'expiration de la révolution, tous les peuplements qui co[ns]tituaient la forêt au début de ce cycle ont été remplacés par [des] peuplements nouveaux.

§ 92. — Si l'on veut constituer une forêt normale, il faut pre[ndre] une révolution égale au terme de l'exploitabilité, et faire parco[urir] aux coupes des espaces égaux ou d'égale productivité en des temp[s] égaux. Cette révolution est dite révolution normale. —

Si la forêt considérée est anormale; si, d'autre part, on

---

(1) Le nombre d'années que mettent les coupes de régénération à par[courir] toute l'étendue d'une forêt, pour revenir à leur point de départ, rappelle jusq[u'à] un certain point la révolution d'un astre qui décrit son orbite : de là sans do[ute] l'emploi du mot révolution pour désigner le premier de ces intervalles. Le te[rme] allemand Umtrieb exprime une idée analogue.

Deux révolutions différentes peuvent coëxister dans une même forêt : c'e[st] lorsqu'on y exécute des coupes de régénération de deux ordres. Tel est le cas d'[un] taillis en conversion : il y a une révolution pour les coupes de futaie et u[ne] révolution pour les coupes de taillis. De même la révolution d'un astre suivant [son] orbite n'empêche pas, par exemple, la révolution d'un satellite autour de cet astre.

adopté une révolution égale au terme de l'exploitabilité et qu'enfin on fasse parcourir aux coupes des espaces égaux en des temps égaux, on est forcément conduit à abattre à certains moments de la révolution des peuplements non encore exploitables ou qui ont dépassé le terme de l'exploitabilité. —

On est quelquefois amené à adopter une révolution plus courte que la révolution normale : on l'appelle révolution transitoire.

§ 93. — Dans les forêts jardinées, où l'on abat des arbres épars, sans se préoccuper de la surface qu'ils couvrent, on ne fixe pas à l'avance le nombre d'années au bout duquel tous les sujets existant actuellement sur pied seront remplacés par d'autres : il n'y a pas de révolution. On verra d'ailleurs plus loin qu'il n'est pas nécessaire, pour se rapprocher de l'état normal dans une forêt jardinée, de savoir dans quel laps de temps elle sera complètement régénérée.

Souvent, il est vrai, on fait, en vue de la détermination du volume ou du nombre d'arbres à enlever chaque année, on fait, disons nous, des hypothèses sur le terme d'exploitabilité des arbres de la forêt jardinée, mais ce sont là de simples éléments de calcul, et on ne prétend pas que la forêt sera en réalité régénérée tout entière au bout de ce laps de temps. —

§ 94. — Dans les forêts traitées en taillis composé, il n'y a de révolution que pour le sous-bois. — Au sujet de la réserve qui, comme son nom l'indique, est laissée en dehors de la révolution du taillis, il y a lieu de faire des observations analogues à celles que nous venons de formuler à propos des forêts jardinées. —

2°. Des Périodes. — § 95. — La révolution se partage souvent en un certain nombre de parties qu'on appelle des périodes. — Normalement les périodes sont des parties aliquotes de la révolution. —

§ 96. — On décide quelquefois que les coupes de régénération seront complètement suspendues dans une forêt pendant un laps de temps plus ou moins long, en attendant que les arbres ou les peuplements soient aptes à être régénérés. On appelle ce laps de temps période d'attente ou encore période préparatoire puisqu'il prépare généralement les massifs à la régénération. — Ce n'est point une révolution, précisément parce que la forêt ne sera pas régénérée au bout de ce laps de temps.[1] —

3° Des Rotations. — § 97. — La rotation est l'intervalle qui sépare deux passages consécutifs sur un même point de la forêt d'une coupe d'une nature quelconque, par exemple d'une coupe d'amélioration ou d'une coupe de jardinage. —

La révolution est un cas particulier de la rotation : celui où la coupe considérée est une coupe de régénération portant sur tout un peuplement. —

Article XI. — De l'Accroissement des Bois.[2] —

1° Accroissement de volume. — § 98. — L'accroissement de volume ou accroissement proprement dit, d'un arbre ou d'un peuplement est la quantité dont le volume de cet arbre ou ce peuplement

(1) Le mot période est pris ici dans son sens vulgaire de : espace de temps et non pas dans son acception spéciale de : partie aliquote de révolution. —

(2) Cet article est en grande partie tiré du traité d'aménagement de M. Judeich. (Die Forsteinrichtung)

s'accroît au bout d'un laps de temps déterminé.

En ce qui concerne les peuplements, on n'étudie d'ordinaire que l'accroissement des peuplements d'un seul âge.

On distingue différents accroissements de volume correspondant aux divers espaces de temps qu'on peut considérer. –

§ 99. – L'accroissement <u>annuel</u> est celui que les bois (arbre ou peuplement) prennent en un an.

L'accroissement <u>périodique</u> est l'accroissement réalisé pendant une période de plusieurs années.

L'accroissement <u>total</u> est l'accroissement produit depuis la naissance de l'arbre ou du peuplement jusqu'au moment actuel. Quand l'accroissement total se rapporte à l'espace de temps qui sépare la naissance du sujet de son exploitabilité nous l'appellerons par abréviation, <u>accroissement total à l'exploitabilité</u>.

L'accroissement <u>annuel moyen</u> ou accroissement <u>moyen</u> est le quotient d'un accroissement périodique quelconque par le nombre d'années de la période considérée. Il y a dès lors à distinguer <u>l'accroissement moyen périodique</u> et <u>l'accroissement moyen total</u>, suivant que le laps de temps considéré n'est qu'une portion de l'existence de l'arbre ou du peuplement ou qu'il embrasse toute sa vie. <u>L'accroissement moyen total à l'exploitabilité</u> est un cas particulier de l'accroissement moyen total. – C'est presque toujours l'accroissement moyen total qu'on a à envisager: aussi le nomme-t-on d'ordinaire <u>accroissement moyen</u> tout court. Quand on considère une période de faible durée, par exemple de 5 à 10 ans, on peut admettre, sans erreur sensible, que l'accroissement moyen pendant cette période est sensiblement égal à l'accroissement annuel effectif. –

§ 100. – En calculant l'accroissement d'un peuplement on p[eut] négliger ou non les produits intermédiaires (le peuplement acces-soire comme diraient les Allemands). Dans le premier cas, il [est] loisible de remplacer le mot accroissement par le terme : product[ion] du sol : on a en effet la production entière, pendant le temps co[nsi]-déré, du terrain occupé par le peuplement. –

2° Accroissement de qualité. – § 101. – Les Allemands, pour faciliter l'exposé des théories relatives au rendement des forêts, consi-dèrent aussi un accroissement de qualité (Qualitätszuwachs). C'est l'augmentation de valeur à l'unité de volume qui résulte de ce que, les prix du marché restant les mêmes, les bois, en grossissant, sont pl[us] recherchés, et en outre, nécessitent de moindres frais d'exploitation. – [On] détermine cet accroissement en comparant les prix des différentes ca[té]-gories de marchandises à la même époque. –

3° Accroissement de cherté. – § 102. – Les auteurs allemands con[si]-dèrent aussi un accroissement de cherté (Theuerungszuwachs). C'est un acc[rois]-sement dans le prix des bois en général. Il est mesuré par les prix d'[une] même catégorie de marchandises à deux époques différentes. – Il peut na[tu]-rellement être négatif. –

Article XII. – De la Possibilité. –

1° Définition fondamentale. – § 103. – La possibilité d'une forêt [est] la quotité de matière qu'on peut retirer annuellement de cette forêt sous la condition d'en maintenir le rendement sensiblement const[ant] et de s'acheminer vers la constitution de l'état normal cherché.[1]

Il résulte de là que la possibilité est une quotité de matière, c'est-à-dire un certain volume de bois, un certain nombre de mètres cubes.—

Il ressort également de cette définition que la possibilité comprend la totalité des produits qu'on tire annuellement d'une forêt, tout aussi bien les produits secondaires que les produits principaux, car il n'est fait aucune restriction à cet égard.

Ainsi entendu, le mot possibilité se traduit en allemand par l'expression Ertragsvermögen, qui indique qu'il s'agit du rendement possible (Vermögen puissance, capacité) dans les limites d'une exploitation rationnelle.—

---

[1] La définition ci-dessus est à peu près celle qui se trouve dans le cours de Culture de M.M. Lorentz et Parade (5e Edition, §396). Nous avons cru devoir modifier légèrement cette dernière, pour éviter certaines objections qu'il serait trop long de reproduire ici en détail. Nous avons jugé notamment qu'il fallait y ajouter le dernier membre de phrase afin de rendre toute la pensée des auteurs. En effet, soit une forêt couverte de peuplements d'âges parfaitement gradués de 1 à 50 ans, par exemple, qu'on veut arriver à traiter en futaie à la révolution de 150 ans. Si l'on exploitait, tous les ans le peuplement de 50 ans, ni plus ni moins, on réaliserait évidemment un volume qui répondrait à la définition primitive de la possibilité, car on pourrait tirer ce volume tous les ans à perpétuité de la forêt. Pourtant aucun forestier ne qualifiera, dans la circonstance, ce volume du nom de possibilité, précisément parceque en l'exploitant sans cesse on n'arriverait jamais à atteindre le but proposé, à savoir la constitution d'une forêt normale couverte de peuplements d'âges gradués de 1 à 150 ans.— Dans l'espèce, la possibilité est donc un volume moindre que celui du peuplement de 50 ans. Dans une autre hypothèse ce pourrait être un volume supérieur.—

Le mot possibilité se rencontre pour la première fois, à notre connaissance dans le Dictionnaire de Baudrillart (Paris. 1825. Tome II. P. 643) où il est dit qu'on doit entendre par possibilité des forêts ce qu'elles peuvent supporter de charges, chauffages et autres. C'est un sens voisin de celui que lui a donné le cours de Culture de M.M. Lorentz et Parade

2° 2me Acception. — § 104. — Le mot possibilité est encore employé d[ans] une seconde acception et désigne la quotité des produits fournis annuelle-ment par une forêt en vertu d'un aménagement, sans qu'on se pré-occupe de savoir si, en l'appliquant, on réalise ou non le rapport sou[tenu] et se rapproche ou non de l'état normal. —

Dans ce sens on dira, par exemple : la possibilité de cette forêt est trop forte et devrait être réduite d'un tiers ; — ou encore : le nouvel aménagement a doublé l'ancienne possibilité de la forêt. On voit de suite, par ces exemples, que le mot possibilité n'a plus ici la même signification que dans le § précédent. On oppose une « possibilité d'aménagement » à la possibilité théorique définie pl[us] haut.

Dans cette nouvelle acception le mot possibilité se traduit en allemand par l'une quelconque des expressions suivantes : Etat, Hiebssatz, Abgabesatz, Abnutzungssatz, Abnutzungssoll, Einschlagssoll.

Le mot possibilité est même plus fréquemment employé dan[s] cette seconde acception que dans la première, bien qu'il n'ait été, à ce nouveau titre, l'objet d'aucune définition explicite. Pour indiq[uer] que la possibilité ainsi entendue a été calculée et qu'on a fixé le volume auquel elle s'élève, on dit que c'est une possibilité déterm[inée] par volume, ou, par abréviation, une possibilité par volume.

3° 3me et 4me acceptions. — § 105. — Le mot possibilité a encore deu[x] acceptions connexes, différentes des précédentes. —

Il désigne souvent le nombre d'hectares assigné à la coupe annuelle dans les forêts où les exploitations sont réglées par contenan[ce]. Ainsi l'on dit couramment par exemple : dans tel taillis la possi-bilité est de 5 hectares 50 ares. — C'est ce qu'on appelle communément la possibilité déterminée par contenance ou possibilité par contenance

De même, quand on a affaire à des forêts jardinées où les exploitations sont réglées par pieds d'arbres, le mot possibilité représente un certain nombre d'arbres et est employé, par exemple, de la façon suivante : la possibilité de cette série jardinée, qui est de deux arbres par hectare, est trop forte, et devrait être réduite à un arbre et demi. — C'est la possibilité par pieds d'arbres.

4° 5e acception et autres connexes. — § 106. — Jusqu'à présent il n'était question que de la possibilité d'une forêt, et la possibilité comprenait tous les produits annuels de cette forêt, sans exception, les produits secondaires aussi bien que les produits principaux ; ou, si ces derniers seuls étaient visés, c'est qu'on regardait implicitement les produits secondaires comme un appoint négligeable. — Mais, dans la terminologie forestière, on parle aussi de la possibilité d'une coupe ou d'une catégorie de coupes. Le terme possibilité signifie alors : quantité de produits que doit fournir annuellement la coupe ou la catégorie de coupes considérée.

On dira par exemple : dans telle forêt la possibilité des coupes de régénération est de tant de mètres cubes ; — la possibilité des coupes d'extraction de vieilles réserves atteint tel autre chiffre, etc.(1) —

Enfin, subissant une dernière déviation de son sens primitif, le mot possibilité est arrivé à désigner la contenance à parcourir chaque année

(1) C'est là, sans aucun doute, une nouvelle acception, car, dans beaucoup de forêts, la possibilité d'une catégorie de coupes donnée peut n'être qu'une fraction assez faible de la possibilité de la forêt entière telle qu'on l'envisage dans le § 103 (définition fondamentale) ou dans le § 104. La chose est surtout évidente pour les taillis en conversion, où la possibilité des coupes de conversion par exemple, est souvent inférieure au rendement des autres coupes pratiquées dans la forêt (coupes de taillis-sous-futaie et coupes préparatoires). —

(ou le nombre d'arbres à enlever) en effectuant des coupes d'une nat
déterminée réglées par contenance (ou par pieds d'arbres), alors mêm
que les produits de ces coupes ne représentent nullement le rendement pr
-cipal de la forêt, comme cela avait lieu dans le cas du § 105. Le mot
possibilité sera, par exemple, employé avec cette dernière acception, dans l
phrases suivantes: La possibilité des coupes d'éclaircie, dans cette for
est de 30 hectares en moyenne; — dans telle forêt en transformation l
possibilité des coupes temporaires de jardinage est de tant de pieds d'arbr
les nettoiements ne sont soumis à aucune possibilité, etc. —

<u>Terminologie adoptée dans le cours</u>. — § 107. — De tout ce qui précède
appert que le mot possibilité a reçu au moins cinq ou six sens différ
dans notre littérature forestière. Cette pluralité d'acceptions s'explique
on peut en établir la filiation, indiquer par quelles associations d'i
l'on a passé de l'une à l'autre. Mais nous croyons, que, si elle n'
pas empêché nos maîtres de se faire comprendre, elle est néanmoins, da
une foule de cas, préjudiciable à la clarté du langage et à l'intellig
des questions relatives au rendement des forêts.

Pour éviter ces inconvénients, nous adopterons la terminologie sui
qui ne nécessite la création d'aucun mot nouveau et n'oblige m
pas à détourner de leur sens habituel les mots que nous empru
au langage courant. — Nous n'emploierons d'ailleurs cette termin
-logie spéciale que dans les circonstances où nous voudrons oppo
nettement les unes aux autres les diverses acceptions du mot possib

§ 108. — Nous conserverons au mot <u>possibilité</u> son sens primor
le seul qui lui ait été donné explicitement dans les traités de syl
-culture; il est reproduit dans notre définition du § 103. —

Nous ajouterons à cette définition les observations suivantes:

La *possibilité normale* sera celle que l'on pourra réaliser dans une forêt normale. Elle est juste égale à l'accroissement annuel de l'ensemble des arbres ou des peuplements de la forêt.

Dans une forêt où le capital d'exploitation est inférieur au capital normal, la possibilité est plus petite que l'accroissement annuel de la forêt. Dans une forêt où le capital d'exploitation est supérieur au capital normal, la possibilité est plus grande que cet accroissement. —

Quand on réglemente les exploitations d'une forêt on peut se proposer de *déterminer* la possibilité, c'est-à-dire de la *calculer*, de fixer le nombre de mètres cubes auquel elle s'élève, et de couper tous les ans ce nombre de mètres cubes. —

On peut aussi se proposer de *réaliser* cette possibilité *sans la déterminer, sans la calculer, sans la connaître*, en exploitant tous les ans, dans une forêt à peuplements d'un seul âge chacun, une même contenance boisée assise, bien entendu, dans le peuplement le plus vieux.

On peut enfin, dans les forêts jardinées, se proposer de *réaliser* cette possibilité, *toujours sans la déterminer*, en exploitant tous les ans un certain nombre d'arbres. —

§ 109. — Nous appellerons *taxe* des exploitations d'une forêt le volume de bois que ces exploitations devront fournir dans un temps donné, en vertu d'un aménagement ou d'une décision quelconque, *sans nous pré-occuper de la question de savoir si, en appliquant cette taxe, nous réaliserons ou non le rapport soutenu et si nous nous acheminerons ou non vers l'état normal.*(1)

---

(1) Il nous semble en effet qu'une forêt où les exploitations doivent fournir un certain volume de bois sont parfaitement assimilables à une propriété ou un bien quelconque soumis à une redevance ou un impôt, et *taxé* à un certain chiffre, à une certaine somme d'argent. —

La taxe est généralement annuelle ; mais on conçoit qu'elle soit intermittente, c'est-à-dire qu'on se propose d'exploiter un certain v[illegible] constant à des intervalles de temps plus ou moins éloignés les uns [illegible] autres. (Elle sera par exemple bisannuelle, trisannuelle, etc.).

La taxe peut aussi être périodique c'est-à-dire être fixée pour une p[illegible] d'années (par exemple 10 ans), de telle façon que le gérant soit libre, cha[illegible] année, d'exploiter la quantité de bois qu'il juge convenable, pourvu q[illegible] la fin de la période considérée il ait juste exploité le montant de la t[illegible]

La taxation de la forêt est l'opération qui consiste à taxer la fo[illegible] à calculer la taxe à laquelle elle doit être soumise.—

§ 110.— Nous avons supposé, dans le § précédent, que l'ensemble d[illegible] forêt était taxé en bloc à un certain nombre de mètres cubes, était sou[illegible] à une taxe unique. Mais ce n'est pas là le cas général. D'ordina[illegible] on exécute dans une forêt plusieurs sortes de coupes et l'on conçoit q[illegible] chacune d'elles soit taxée à un certain volume.

Nous distinguerons la taxe générale des exploitations, qui est [illegible] nombre de mètres cubes total que la forêt doit fournir en vertu d[illegible] l'aménagement, et les taxes spéciales qui sont les quotes-parts d[illegible] différentes catégories de coupes.—

§ 111.— En France, comme cela a du reste également lieu en Allem[illegible] les coupes principales des forêts traitées en futaie sont seules soum[illegible] à une taxe ; les coupes d'amélioration sont réglées par contenance sans être taxées à un certain volume.—

Quand on considère les produits de ces coupes comme négligea[illegible] ou comme constituant un simple appoint du revenu du propri[illegible] on admet implicitement que la taxe des coupes principales se conf[illegible] avec la taxe générale de la forêt.—

Dans les forêts traitées en taillis les coupes principales ne sont pas non plus taxées à un certain volume : elles sont également réglées par contenance.—

On pourrait à la rigueur, par des motifs d'analogie, assimiler la surface sur laquelle doivent porter chaque année des coupes d'amélioration ou des coupes de taillis à une taxe proprement dite, et parler d'une taxe-contenance qui correspondrait à l'expression allemande Flächensatz ; mais cette assimilation n'est pas bien utile et elle pourrait, dans certains cas, prêter à la confusion.—

§ 112.— Le rendement d'une forêt est le montant effectif des produits de l'exploitation de cette forêt, qu'elle soit aménagée ou non.— Ainsi nous dirons, par exemple, que le rendement annuel des forêts de la Suède n'est pas taxé mais qu'il dépasse certainement leur possibilité ;— ou encore que la taxe de telle forêt est inférieure à sa possibilité mais que des vices d'application de l'aménagement tendent à porter le rendement à un chiffre supérieur à cette possibilité etc.

On peut considérer tantôt le rendement en matière, tantôt son équivalent en monnaie, qu'on appelle le rendement ou revenu en argent. Quand nous dirons : rendement tout court, il s'agira du rendement en matière ; quand nous emploierons le mot revenu nous aurons plutôt en vue le rendement en argent.—

Article XIII. Du revenu des Forêts.—[1]
Du revenu brut.— Du revenu net ou rente.—

1° Revenu forestier en général.— § 113.— Le revenu d'une forêt est le résultat

[1] Quelques-unes des notions exposées dans cet article sont empruntées au Traité d'aménagement de M. Judeich.

obtenu au bout d'un temps donné, par la coopération des trois facteurs mis en
dans toute exploitation forestière : terre, capital, travail.

Le laps de temps auquel correspond le revenu forestier, est, sauf spécifi
contraire, l'année.

Si l'on observe que, dans les pays civilisés, la terre, agent naturel app
s'échange contre des capitaux proprement dits, fruits du travail, qu'elle
chète et se vend, on peut la faire rentrer dans le capital. C'est ce q
font en général les économistes allemands[2]. On peut dire alors, avec
Judeich, que les facteurs du revenu forestier sont le capital et le tra

§ 114. — Le capital comprend, outre le sol ou fonds, le matériel ou cap
ligneux nécessaire à la production annuelle de bois d'une grosseur d
Ce matériel ligneux, appelé généralement capital d'exploitation (voir § 48)
porte, dans le langage spécial des estimateurs de propriétés boisées, le
de superficie, par opposition au fonds. Il a, en général, une vale
considérable par rapport au revenu, ainsi que l'a fait ressortir
M. Broilliard dans son enseignement. —

Quant au travail, nous savons qu'il joue un faible rôle dans
production forestière et que le bois conserve toujours, même dans le
forêts soumises aux procédés de culture les plus raffinés, le ca
de bien naturel plutôt que de revêtir celui de produit de l'indust
humaine. —

§ 115. — Il résulte de ce qui précède que le revenu forestier compr

1° la rémunération des capitaux engagés dans les forêts o
intérêts ;

2° la rémunération des travaux effectués ou salaires. —

---

(2) Voir Léo. Nationalökonomie. — Jena 1881. p. 46. —

2° Revenu brut. — § 116.

Le revenu brut d'une forêt est l'ensemble de toutes les richesses produites par l'exploitation de la forêt pendant un temps donné, ou encore l'équivalent en argent de ces richesses. —

Le revenu brut se décompose en :

1° produits ligneux

2° menus produits. (produits autres que le bois).

§ 117. — Les produits ligneux se subdivisent à leur tour en

a) produits ordinaires

b) produits extraordinaires. —

a) Les premiers sont ceux qui sont prévus par l'aménagement. Ils comprennent :

a_1) Les produits principaux, consistant en bois exploitables fournis par les coupes de régénération, lors de l'exploitation finale des peuplements.

a_2) Les produits accessoires, secondaires ou intermédiaires fournis par les coupes d'amélioration pendant la croissance des peuplements. —

En se plaçant au point de vue de l'aménagement, on peut encore distinguer parmi les produits ordinaires principaux, les produits normaux et les produits anormaux. Les 1ers sont ceux qui sont obtenus conformément à la marche normale de la méthode d'aménagement adoptée, et les autres sont ceux que l'on réalise par suite d'une dérogation apportée à cette marche normale par l'aménagement lui-même.

On peut établir une distinction analogue parmi les produits ordinaires accessoires. —

b). — Les produits extraordinaires sont ceux qui sont réalisés à des époques indéterminées et en dehors des prévisions de l'aménagement. Ils comprennent :

b_1) les produits du fonds de réserve

b_2) les produits accidentels (chablis etc)

3° Revenu net. — § 118. — Si on déduit du revenu du revenu bru[t] les frais de production, on a le revenu net ou rente (Reinertrag, Rente)

Il y a différentes sortes de revenus nets suivant la nature et le nom[bre] des éléments qu'on fait rentrer dans les frais de production.

A. — Revenu net de la forêt ou Rente forestière. — § 119. — Lorsqu'on [ne] retranche du revenu brut de la forêt que les salaires (frais de gestion, [de] garde, impôts etc), on obtient un revenu net que les Allemands appel[lent] revenu net de la forêt ou rente de la forêt (Waldreinertrag, Wal[drente]). Ils lui donnent ce nom parce que c'est là le revenu net qu'on est a[mené] à calculer en considérant la forêt comme une entité, comme un tout d[ans] lequel le sol et les bois sur pied se confondent pour former un instru[ment] de production unique. —

Ce revenu net représente la somme que touche annuellement l[e] propriétaire de la forêt une fois qu'il a soldé toutes les dépens[es] pécuniaires nécessitées par l'exploitation de son immeuble.

Dans ce revenu net sont encore compris les intérêts du maté[riel] ligneux, du capital d'exploitation.(1)

B. — Bénéfice d'entrepreneur. § 120. — Lorsqu'on retranche du revenu [brut] de la forêt tous les frais de production, sans en excepter aucun (par conséquent, outre les salaires, les intérêts des capitaux engagés, capital lig[neux]

(1) Notons de suite que ces intérêts sont aussi des frais, en ce sens qu'ils grèvent la producti[on] ligneuse, absolument comme les intérêts du capital d'exploitation d'une usine constituent une ch[arge] pour la production industrielle. Mais, à la différence des salaires, ils n'entraînent [pas] de paiements annuels en espèces; ils se traduisent par une privation de revenus, à savoir [ceux] que fournirait la valeur du capital ligneux si elle n'était pas immobilisée dans la production forestière. — On peut imaginer des cas où ces intérêts du capital ligneux sont soldés en argent comme les autres frais: c'est [le cas] où le propriétaire d'une forêt a emprunté à des bailleurs de fonds la somme nécessaire pour l'a[cheter]. Les annuités qu'il paie dans ces conditions représentent en partie les intérêts du matériel sur [pied]

et capital sol), on obtient le bénéfice ou profit de l'entreprise.[1]

C. – Revenu net du sol ou Rente foncière. – § 121. – Si l'on considère le sol nu ou fonds comme ne faisant pas partie des capitaux engagés, et si, par conséquent, on ne comprend pas parmi les frais de production les intérêts de la valeur du sol, on obtient comme différence entre le revenu brut et les frais de production un revenu net qui s'appelle la rente du sol ou rente du fonds, ou rente foncière (Bodenreinertrag, Bodenrente).[2]

Des trois revenus nets ou rentes définis ci-dessus, c'est la rente foncière qui est le plus souvent envisagée : aussi quand on parle de la rente tout court, (Reinertrag) est-ce de la rente foncière qu'il s'agit. –

La conception de la rente foncière donne la clef des questions relatives au rendement des forêts et sert de base à l'estimation des forêts en fonds et superficie. –

Il ne faut pas confondre la rente foncière avec la rente forestière (§ 119) : ces deux revenus nets diffèrent d'une quantité égale à l'intérêt du capital ligneux.

Il ne faut pas non plus confondre la rente ou revenu net avec le taux de placement. Ce dernier est le rapport entre la rente et le capital qui la produit.

---

(1) On sait ce qu'en économie politique on appelle entrepreneur, entreprise, profit, bénéfice. –

(2) Cette définition de la rente du sol est conforme à la théorie de Ricardo ; c'est la rente foncière telle que l'entendent les économistes. – En effet, pour ces derniers, la rente foncière est le surplus qui reste au propriétaire d'une terre une fois qu'il a déduit du prix de ses récoltes le montant des frais de production. Or, pour des motifs qu'il n'y a pas lieu de rappeler ici, les économistes ne tiennent pas compte de la valeur du sol nu dans le calcul des frais de production. –

La rente foncière, telle qu'elle est définie ci-dessus comprend le bénéfice d'entrepreneur, ce qui est parfaitement logique puisque, dans l'exploitation forestière, le propriétaire fait valoir lui-même et court les risques de son entreprise

La conception de la rente foncière est exposée dans le Cours de Culture de M.M. Lorentz et Parade. 3e Édition (1855) § 359.

§ 122.– Quand on a affaire à une forêt normale et qu'on a pu détermin[er] d'une façon quelconque la valeur de son capital ligneux, il suffit, pour avoir la rente du sol, d'opérer comme il a été dit ci-dessus, à savoi[r] de déduire de la rente de la forêt l'intérêt annuel du capital ligneu[x].

Mais lorsqu'on est en présence d'un terrain occupé tout entier par un peuplement d'un seul âge, on ne peut évidemment y récolter que péri[o]diquement et à des intervalles plus ou moins longs, des bois réalisan[t] une exploitabilité donnée: le revenu est intermittent et non pas annu[el]. Si donc on veut calculer la rente foncière fictive correspondant à ce reve[nu] périodique, il faut considérer le revenu périodique comme l'accumulati[on] à intérêts composés des revenus annuels, et déduire la rente du revenu périodique par la formule des intérêts composés.–

Si le revenu périodique en question est un revenu brut il faut, bien entendu, pour passer de ce revenu à la rente, le dégager d'une façon convenable, de tous les frais dont il est [grevé].

§ 123.– Etant donnée la valeur actuelle de la rente du sol on a, en la capitalisant au taux admis dans la localité pour la capitalisation des terrains boisés, on a, disons-nous, la valeur capitale actuelle de ce sol.. On peut donc définir aussi la rente du sol: l'intérêt de la valeur du sol.– Ce[tte] définition a été adoptée par certains auteurs Allemands.

Si la valeur qu'on obtient de cette façon, à un moment don[né] pour le sol, est supérieure à celle que le propriétaire a payée en achetant ledit sol, la différence des deux valeurs représente, en capital, le bénéfice réalisé par le propriétaire. Si les deux valeurs sont égales le bénéfice est nul; si la seconde est supérieure à la première il y a perte.–

Les mêmes conclusions peuvent d'ailleurs se tirer de la comparaison de la rente foncière et de l'intérêt du prix d'achat du sol, car la différence de ces deux quantités est précisément le bénéfice annuel de l'entreprise (§ 120)

Livre II. –

Etude détaillée de quelques principes fondamenta
de l'exploitation des Forêts.

Chapitre 1er. De l'exploitabilité.

Prolégomènes.

§ 124. – Nous avons vu (§ 33) qu'un arbre ou qu'un peuplement e exploitable quant il réalise au maximum le genre d'utilité qu'on réclame de lui. – L'exploitabilité est l'état d'un arbre ou d'un peuplement exploitable. –

Nous distinguons l'exploitabilité d'un arbre et celle d'un peuple ment parceque les deux conceptions répondent à deux systèmes d'ex tation différents. –

On envisage l'exploitabilité d'un arbre lorsqu'on applique un mode d traitement qui entraîne l'extraction du sein de la forêt d'arbres d' nature, d'un âge ou d'une grosseur déterminée –

On s'occupe de l'exploitabilité d'un peuplement dans les cas où l'o a adopté un mode de traitement qui implique l'abatage de peu plements entiers et que l'on exécute par conséquent des coupes localisée

§ 125. — Il ne faut pas confondre un arbre pris ou considéré isolément, avec un arbre isolé. — On peut en effet envisager isolément, individuellement, indépendamment des arbres voisins, et extraire de la forêt un sujet qui a crû en massif. C'est ce qu'on fait en général dans les forêts jardinées. —

L'exploitabilité d'un arbre pris individuellement est une conception française qui répond à la place importante que tiennent chez nous les taillis sous futaie et les forêts jardinées. Dans les ouvrages didactiques allemands, il n'est jamais question que de l'exploitabilité des peuplements.

§ 126. — Lorsque nous parlerons de l'exploitabilité d'un peuplement, il s'agira toujours, sauf avis contraire, d'un peuplement d'un seul âge crû en massif. En effet les peuplements d'un seul âge qui ne sont pas élevés en massif sont très rares (cas de certaines chênaies de la Gde Bretagne).

On peut concevoir à la rigueur l'existence d'un peuplement d'âges multiples qui serait exploitable dans son ensemble à un moment plutôt qu'à un autre. Tel serait le cas, par exemple, d'un peuplement à deux étages formé par une vieille futaie de chênes clair plantés surmontant une jeune futaie de charmes. Mais, en général, dans un peuplement d'âges multiples on envisage à part l'exploitabilité de chacun des étages ou de chacun des sujets qui le composent. —

§ 127. — Les genres de services qu'on réclame d'un arbre ou d'un peuplement varient à l'infini : il y a donc aussi une infinité de genres d'exploitabilités. — Il faut se borner à étudier les principaux.

Avant de les grouper par catégories, remarquons que, parmi

les nombreux services qu'on peut demander aux arbres ou aux peuplem[ents] il en est qui sont tout à fait en dehors de la sphère d'activité de[s] forestiers ou qui l'effleurent à peine. Ainsi on peut maintenir à l'[état] boisé les approches d'un fort, les talus d'un chemin de fer, les [...] d'un parc, ou élever des arbres pour en récolter des fruits, orner [une] promenade, border une avenue etc. — A ces diverses destinations correspondent autant d'exploitabilités spéciales qui n'intéressent pa[s ou] intéressent peu le forestier. Nous désignerons ces exploitabilités so[us] le nom d'exploitabilités <u>extra-forestières</u>, sans faire autre chose q[ue] les mentionner

Nous n'étudierons en détail que celles en nombre sensiblement [...] restreint qui rentrent dans le domaine de l'économie forestière. [Ce] seront les exploitabilités forestières. —

§. 128. — Cela posé, nous baserons notre classification des exploita[bilités,] qu'elles soient forestières ou extra-forestières, sur le genre de serv[ice] auquel elles correspondent. —

Ces services peuvent se grouper sous les 3 chefs que voici:

I. — Services rendus par les arbres ou les peuplements sur pied.

II. — Services rendus par les produits autres que le bois. —

III. — Services rendus par les produits ligneux. —

De là trois sections d'exploitabilités. La 3e la plus importan[te] peut se subdiviser à son tour en 2 sous-sections, suivant q[ue] l'on considère :

A) les produits ligneux dans leur nature, sans se préoccup[er] au moins d'une façon directe, de leur valeur en argent ni de celle des capitaux engagés dans la propriété;

B) la valeur pécuniaire des produits ligneux et du mat[ériel] sur pied.

Les exploitabilités de la 1ère sous-section recevront le nom générique d'exploitabilités relatives au rendement en matière. Celles de la 2e sous-section seront dites relatives au rendement en argent. On peut aussi les appeler financières puisqu'en les concevant on se place sur le terrain financier et qu'on assimile l'exploitation d'une forêt à une spéculation, à un placement de fonds. –

§ 129. – Dans la 1ère section, nous étudierons une seule exploitabilité: l'exploitabilité physique, qui se réalise au terme de la longévité des essences. –

Dans la 2e section ne rentrent que des exploitabilités extra-forestières que le sylviculteur a rarement l'occasion d'appliquer. Elles ne portent pas de noms spéciaux. –

C'est la 3e section qui renferme les véritables exploitabilités forestières. Nous en distinguerons cinq; trois dans la sous-section A l'exploitabilité absolue, l'exploitabilité technique et l'exploitabilité économique; – et deux dans la sous-section B, l'exploitabilité relative à la plus grande rente forestière et l'exploitabilité commerciale, ou relative à la plus grande rente foncière.

Section I –
Exploitabilités relatives aux services rendus par les arbres ou par les peuplements pendant leur vie.

Article I. Exploitabilité physique. –

§ 130. – L'exploitabilité physique est celle qu'on cherche à réaliser lorsqu'on maintient les arbres ou les peuplements sur pied jusqu'au moment de leur retour, c'est-à-dire jusqu'à leur dépérissement complet, jusque vers le terme de leur longévité.

Les auteurs forestiers de la fin du siècle dernier l'ont appelée physique parceque c'est celle qu'applique la nature (φύσις) dans les forêts vierges.

L'homme l'applique aussi quelquefois dans les forêts de protection, pour maintenir le sol sur les pentes, arrêter les vents, empêcher la formation d'avalanches, ou encore, au nom de l'esthétique, dans des forêts d'agrément.

§ 131. – L'exploitabilité physique, comme toutes les autres, peut être envisagée soit à propos d'un arbre, soit à propos d'un peuplement, et nous dirons qu'elle se réalise dans ce dernier cas quand la majorité des tiges du peuplement sont arrivées au terme de leur exploitabilité physique individuelle.

Mais, en fait, on s'occupe presque toujours de l'exploitabilité physique des arbres et non pas de celle des peuplements, car, lorsqu'on demande à une forêt des services qui tiennent à l'existence même de l'état boisé, on la soumet en général au jardinage.

§ 132. – Si l'on est parfois conduit à réaliser l'exploitabilité physique en vue de la protection ou de l'embellissement d'une contrée, il faut se garder de croire que chaque fois qu'une forêt est destinée à remplir ce rôle on doive y appliquer l'exploitabilité dont il s'agit. – En effet les autres exploitabilités procurent, elles aussi, bien qu'à des degrés divers, les bienfaits dus à l'état boisé et les jouissances artistiques. – Tel est surtout le cas pour les exploitabilités réalisées par le régime de la futaie, on peut même se demander si c'est l'exploitabilité physique qui est la plus avantageuse au point de vue de la protection. –

§ 133. – La recherche du terme de l'exploitabilité physique n'offre pas un grand intérêt pratique. En effet, lorsqu'on a besoin de connaître le terme d'une exploitabilité, c'est en vue de régulariser le rendement de la forêt où elle doit servir de base aux exploitations. — Or, dans les forêts où on laisse arriver les arbres jusqu'à leur retour, le rendement est, en général, chose secondaire. —

Le problème manque surtout d'intérêt en ce qui concerne les peuplements puisque nous avons vu (§ 131) que le mode de traitement qui accompagne d'ordinaire la réalisation de l'exploitabilité physique est le jardinage, qui ne comporte pas l'abatage de peuplements entiers. —

Si, cependant, l'on vouloit se livrer à la recherche dont il s'agit, il faudrait étudier la végétation des sujets des différentes essences, dans la station que l'on envisage, et voir quel est l'âge moyen correspondant à leur dépérissement. — Le résultat de ces observations ne serait jamais très précis, car la longévité chez les arbres des forêts paraît présenter d'un sujet à l'autre des variations relatives aussi considérables que chez les hommes vivant en société.

§ 134. — Les arbres arrivés à la phase du retour, et par conséquent, au terme de leur exploitabilité physique, sont reconnaissables, sur pied, à cette circonstance que leur cime se garnit de branches mortes, « se couronne » suivant une expression consacrée et usitée surtout pour les chênes. Lorsqu'on les abat, on constate que leurs accroissements sont devenus très minces et en général aussi que leur bois se décompose au cœur.[1] —

Du reste, tant qu'ils sont encore debout, les arbres sur le retour ne se distinguent pas toujours très facilement des arbres simplement arrivés à l'époque que nous appellerons avec M. Broilliard, époque de la maturité, et dont nous parlerons plus loin. —

---

(1) Voir plus loin, § 164 ce qui est dit de la maturité. —

§ 135. — On a quelquefois défini l'exploitabilité physique celle qui se réalis quand l'arbre ou le peuplement cesse de rendre les services physiques qu'on attendait de son existence même tant qu'il se trouvait sur pie L'exploitabilité physique ainsi entendue comprend les diverses exploitabilit extra-forestières que nous allons mentionner dans l'article suivant, e notre exploitabilité physique n'en est qu'un cas particulier. — Cette man de voir peut fort bien se justifier, mais elle n'est pas en rapport avec conception primordiale de l'exploitabilité physique et détourne cette d épithète du sens qu'on lui a donné primitivement. —

Certains auteurs allemands notamment M. Judeich, entendent par te de l'exploitabilité physique d'un peuplement (Physischer Umtrieb) l'épo qui convient le mieux pour sa régénération naturelle soit par la semen soit par les rejets. C'est encore une autre conception à laquelle no ne nous arrêterons pas. —

Article II. —
Autres exploitabilités relatives aux services rendus par les arbres sur pied. —

§ 136. — Ce sont des exploitabilités extra-forestières, car lorsque le forestier réclame d'une forêt des services qui ne nécessitent pas le maintien d arbres sur pied jusqu'à leur dépérissement, il peut, en général les obt par surcroît, en appliquant l'une ou l'autre des exploitabilités relatives aux produits ligneux qui font l'objet de la Section III.

Nous énumérons ci-après les principaux cas parmi ceux où l demande à des arbres sur pied des services qui se réalisent avant o après le terme de l'exploitabilité physique. —

§ 137. — Les jardiniers-paysagistes, qui élèvent des arbres dans les parcs et promenades, sont amenés tantôt à les couper très jeunes, lorsqu'ils masquent par exemple une perspective, tantôt à les conserver très vieux, parfois même jusqu'après leur mort, pour produire des effets pittoresques ou commémorer des souvenirs. —

Les Ingenieurs font souvent abattre des sujets plantés le long des voies publiques, quand ils deviennent gênants pour la circulation; (Exemple: Recépage periodique des robiniers plantés sur les talus en déblai d'un chemin de fer).

Le génie militaire peut avoir des motifs pour ne pas laisser dépasser une certaine hauteur aux peuplements qui garnissent les approches d'un fort. —

Les princes ou les riches particuliers créent parfois dans leurs parcs, sous le nom de <u>tirés</u>, des taillis qui servent de refuge au gibier de plume, notamment au faisan et dont on exploite les cépées quand elles arrivent à 1m de hauteur environ, pour faciliter la chasse à tir du gibier de plume. —

Les communes de certains pays de montagne, en cherchant à concilier la production ligneuse avec la culture pastorale sont conduites, dans certains cas, à exploiter des arbres uniquement dans l'intérêt du pâturage (Prés-bois du Jura). —

Dans le sartage on peut se proposer d'exploiter le peuplement forestier au bout du laps de temps juste nécessaire pour reconstituer les principes minéraux nécessaires à la production d'une ou plusieurs récoltes agricoles. —

Section II —

Exploitabilités relatives aux produits autres que le bois.

Article unique

Article unique.

§ 138. – Ces exploitabilités sont, comme les précédentes, des exploitabilités extra-for qui ne portent pas de noms spéciaux et dont nous nous bornerons à signaler quelques exemples. –

A ce groupe se rattachent notamment les exploitabilités qu'appliq les agriculteurs et les horticulteurs lorsqu'ils élèvent des arbres pour en obtenir des fruits (Châtaigniers en Auvergne, pommiers en Normand dattiers dans le Sahara etc). –

Dans beaucoup de forêts de chêne du Midi de la France, part importante du revenu du propriétaire est fournie par la récolte truffes et l'on conçoit que les exploitations y soient jusqu'à un certain réglées d'après les circonstances favorables à la production de ce champ L'exploitabilité adoptée en pareil cas se rattache donc aussi à la présente section. –

Dans certaines régions peu fertiles (sols sablonneux de l'Alsace et d vallée du Mein, sols crayeux de la Champagne et de la Basse-Autr etc), où la paille fait défaut, on crée des pineraies de pin syl ou de pin noir en vue d'enlever la couverture morte qui s'y for et de la donner comme litière aux bestiaux (Streuwaldbetrieb). Si l exploite ces pineraies à l'âge où leur rendement en détritus cesse d'ê rémunérateur, on y applique une exploitabilité spéciale qui rentre dans la section dont nous nous occupons.(1)

Lorsqu'on traite une pignade de pin maritime en vue du gemmage o chênaie de chêne-liège ou de chêne occidental en vue de la décortication, on au terme de l'exploitabilité relative à la résine ou au liège les sujets im

---

(1) On comprend du reste que cette pratique soit en faveur, car produits de l'enlèvement de la litière dépassent parfois en importance les prod ligneux. A Haguenau, la récolte annuelle des aiguilles mortes dans les pin se loue en moyenne 70f par hectare, depuis l'âge de 15 ans jusqu'au dépérisse des massifs, vers l'âge de 60 ans. — (M. Broilliard. Cours d'aménagement oral. Année scolaire 1869-70). —

à fournir l'un ou l'autre de ces produits.

L'exploitabilité adoptée dans un taillis à écorces à l'effet d'obtenir les écorces à tan les plus riches en tannin rentre aussi dans la présente Section, à moins qu'on n'assimile les écorces à tan aux produits ligneux, auquel cas l'exploitabilité relative à cette marchandise est une des variétés de l'exploitabilité technique. (Voir Section III).-

Section III.-

Exploitabilités relatives aux produits ligneux.-

Sous-Section A.-

Exploitabilités relatives au rendement en matière.

Article I. Exploitabilité absolue.-

§ 139.- Il faut, dès qu'on aborde cette exploitabilité, distinguer nettement s'il s'agit d'un arbre ou d'un peuplement, car la conception n'est pas la même dans les deux cas. Nous commencerons par nous occuper d'un peuplement; c'est l'hypothèse la plus intéressante et nous supposerions avoir affaire à un peuplement massif, les circonstances où l'on a à envisager un peuplement d'un seul âge formé de sujets isolés les uns des autres étant tout-à-fait exceptionnelles

1ère Hypothèse.- Cas d'un massif.-

§ 140.- On cherche à réaliser l'exploitabilité absolue d'un massif lorsqu'on veut obtenir de la surface occupée par ce peuplement le maximum de production en matière, dans un temps donné, sur préoccuper de la nature ni de la qualité des bois.

§ 141. – Cette conception repose sur les faits d'observation suivants
Lorsqu'on considère un massif très-jeune et qu'on suit son dévelo-
pement, on voit son accroissement annuel aller constamment en
croissant, jusqu'à un certain moment où il atteint un maximum
A partir de ce moment, il reste stationnaire tant que l'état de
massif demeure complet et que les cimes sont garnies de feuilles
nombreuses et vivaces. Mais il arrive une époque où une quantité
notable de sujets dépérissent et meurent en laissant des trouées qui
se referment que lentement tandis que les autres tiges, tout en restant en vie
ont une activité physiologique moins grande que par le passé: l'accroissement annuel du massif entre alors dans une phase descendante

§ 142. – Lemme. – L'accroissement annuel passant par un maximum
il en est de même de l'accroissement moyen total, et le maximum de ce
a lieu quand l'accroissement annuel devient égal à l'accroissement
moyen précédent. –

En effet, l'accroissement moyen est une expression de la forme

$$\frac{a_1 + a_2 + \dots\dots\dots\dots\dots a_{n-1} + a_n}{n}$$

dans laquelle a_1, a_2 etc. représentent les acc.ts annuels et n l'âge du
massif à un moment quelconque.

Tout d'abord cette expression ira forcément en croissant tant que
a_1, a_2, etc. iront eux-mêmes en augmentant.

Elle croîtra même encore aussi longtemps que a, tout en diminuant,
restera plus grand que l'accroissement moyen précédent. C'est une
condition nécessaire et suffisante, car si je pose:

$$\frac{a_1 + \dots\dots\dots a_n}{n} < \frac{a_1 + a_2 + \dots\dots\dots + a_n + a_{n+1}}{n+1}$$

il vient:

$$n(a_1 + \ldots\ldots a_n) + (a_1 + \ldots\ldots a_n) < n(a_1 + \ldots\ldots a_n) + n\,a_{n+1}$$

d'où

$$\frac{a_1 + a_2 + \ldots\ldots a_n}{n} < a_{n+1}$$

L'expression finira donc par décroître quand l'accroissement annuel a sera devenu plus petit que l'accroissement moyen précédent. — c. q. f. d. —

§ 143. — Théorème. — Si l'on exploite un massif à l'époque où il a atteint son maximum d'accroissement moyen, on réalise, en un temps donné, le maximum de production ligneuse de la surface occupée par ce massif, et cette époque est, par conséquent, le terme de l'exploitabilité absolue du massif considéré. —

Appelons V, V', V'' les volumes à l'hectare d'un même massif aux âges n, n' et n'' et soit $\frac{V}{n} < \frac{V'}{n'} > \frac{V''}{n''}$

Il s'agit de démontrer qu'en coupant périodiquement à l'âge n' ce massif qu'on suppose renaître sans cesse identique à lui-même, il s'agit de démontrer, disons-nous, qu'on obtiendra dans un temps donné de ce massif, ou, ce qui revient au même, de la surface occupée par lui, un volume de matière ligneuse plus considérable qu'en l'exploitant périodiquement à un autre âge quelconque n''. —

En effet, considérons un nombre d'années $N = pn' = qn''$. —

En faisant la coupe toutes les n' années nous obtiendrons chaque fois un volume V' et, comme la coupe se renouvelle p fois en N années, nous réaliserons un matériel total pV'. — Un raisonnement analogue nous montre qu'en exploitant toutes les n'' années, nous récolterons dans le temps N un matériel qV''.

Comparons ces deux résultats. Le 1er est évidemment égal à $\frac{N}{n'}V'$, car $p = \frac{N}{n'}$; le 2d est égal à $\frac{N}{n''}V''$. — Mais ces deux expressions peuvent s'écrire

$N \times \frac{V'}{n'}$ et $N \times \frac{V''}{n''}$

Or, par hypothèse, on a $\frac{V'}{n'} > \frac{V''}{n''}$, donc le premier résultat est plus grand que le second, c. q. f. d. [1]

§. 144. – L'époque à laquelle se réalise le maximum de l'accroissement mo[yen] d'un peuplement croissant en massif est variable avec l'essence constitutive, [le] sol et le climat. – Pour une même essence et une même station, le term[e] de l'exploitabilité absolue varie par suite de l'intervention de l'homme qui, en faisant des éclaircies, desserre le massif et enlève des tiges encore vivant[es].

L'amplitude de ces variations dépend, naturellement, de l'intensité de l'éclaircie, de son mode d'exécution. – Quand l'éclaircie porte uniquem[ent] sur les tiges dominées ou retardataires, comme c'était toujours le c[as] autrefois et comme cela a lieu en Allemagne sous le nom de Durchfo[rstung] elle influe naturellement beaucoup moins sur le terme de l'exploitabil[ité] absolue que lorsqu'elle consiste, ainsi qu'on le recommande généralemen[t] aujourd'hui, à dégager les sujets d'avenir et d'essence précieuse [en] coupant des tiges qui les dominent, opération qui se rapproche à certains égards du Lichtungshieb des Allemands. –

---

(1) Après avoir examiné le cas d'un seul peuplement exploité périodiquement, on peut é[tendre] la démonstration au cas d'une forêt normale fournissant des revenus annuels, et faire vo[ir que] si, dans cette forêt, on adopte une révolution égale au terme de l'exploitabilité commerciale [on] obtient, dans un temps donné, une quantité de bois plus grande qu'avec toute a[utre] révolution. –

En effet, soit une forêt normale de surface S, aménagée à la révolution de n année[s], soit V le volume que prend chaque peupl.t l'unité de surface au bout de n années. Le volume de la [coupe] annuelle, la possibilité, sera $\frac{S}{n} \times V = S \times \frac{V}{n}$ (1)

Si la même forêt était soumise à la révolution de n' années et que V' fût le volu[me] par unité de surface du peuplement âgé de n' années, le rendement en matière de la cou[pe] annuelle, la possibilité, serait $\frac{S}{n'} \times V' = S \times \frac{V'}{n'}$ (2)

Supposons que le terme de l'exploitabilité absolue de chaque peuplement pris en partic[ulier] soit n; on aura $\frac{V}{n} > \frac{V'}{n'}$, c. à d. que la possibilité (1) sera plus grande que la possibilité (2)

Ce résultat était, d'ailleurs, facile à prévoir, car une forêt normale n'est pas autre ch[ose] que la conception dans l'espace des divers états de développement d'un même peuplement considé[ré] dans le temps; de sorte que tout ce qui est démontré pour un peuplement qui passe par le[s] différentes phases de son existence est vrai pour la forêt normale correspondante.

Il est clair d'ailleurs, qu'étant donné un peuplement soumis à des éclaircies et pour lequel on cherche le terme de l'exploitabilité absolue, on peut trouver des résultats différents suivant qu'on fait entrer ou non les produits intermédiaires dans les calculs.

§. 145. — Il y a moyen de représenter graphiquement la marche de l'accroissement annuel et de l'accroissement moyen total d'un massif d'un seul âge.

Voici un specimen d'une représention de ce genre se rapportant à un peuplement de hêtre né de semence. Les abscisses correspondent à des intervalles

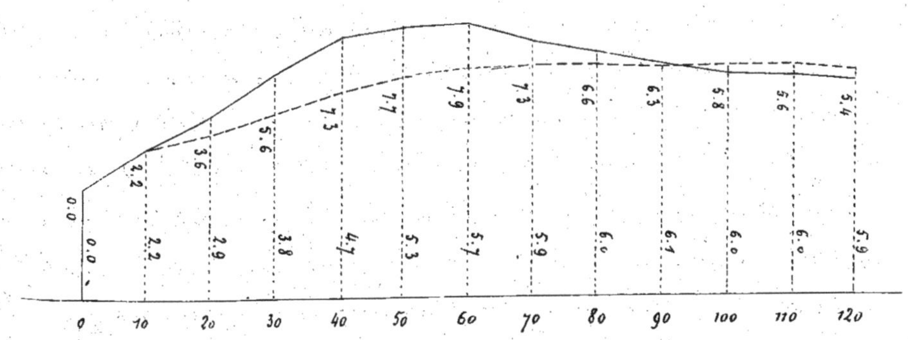

Fig. 1

de dix ans. Les ordonnées sont respectivement proportionnelles aux accroissements annuels et aux accroissements moyens totaux, plus une constante. La courbe tracée au trait continu montre la marche de l'accroissement annuel, la courbe au trait pointillé indique la marche de l'accroissement moyen. On voit sur l'épure que, dans l'exemple choisi, le maximum de l'accroissement moyen est de 6$^{m.c}$,1 environ et qu'il se réalise entre 90 et 100 ans.

§. 146. — Pendant longtemps les forestiers ont attaché une importance toute particulière à l'exploitabilité qui nous occupe, parce qu'ils appliquent aux forêts la théorie économique de l'ancienne école des Physiocrates en vertu d laquelle les produits de la nature sont les seules richesses veritables. Ils en concluaient, dès lors, qu'il fallait tirer du sol la plus grande quantité d matière ligneuse dans le plus court laps de temps possible. — De là le nom d'absolue qu'ils ont donné en France à cette exploitabilité, considérée com l'exploitabilité par excellence ; de là aussi le nom d'exploitabilité forestière ou économique qu'elle a reçu quelquefois en Allemagne. — (1)

Cette manière de voir était à la rigueur admissible à une époque où produits d'un grand nombre de forêts n'étaient propres qu'au chauffag car, dans ces forêts, c'est la quantité de la matière ligneuse récoltée q est l'élément principal du revenu en argent ; d'ailleurs l'époque du maximum d'accroissement moyen d'un massif coïncide sensiblement av celle du maximum de qualité pour le chauffage des bois qui en provienn

Mais aujourd'hui, il est rare qu'on se propose de réaliser, dans une propriété boisée le maximum de production en matière, car l'utilité la valeur du rendement d'une forêt résident bien plus, en général dans la nature et les dimensions des tiges exploitées et dans les qualités techniques de leurs bois que dans leur volume total. —

Aussi l'application de l'exploitabilité absolue n'a-t-elle plus guère lieu d la pratique. C'est une conception qui offre surtout un intérêt spécul

Recherche du terme de l'exploitabilité absolue d'un mas

§ 147. — On peut avoir recours soit à l'expérience directe soit à des tables de production.

Quand on veut procéder par expérience directe on peut opérer d deux façons différentes. —

(1) Nous reprendrons, comme on le verra plus loin, l'épithète d'économique, mais po l'attribuer à une autre exploitabilité dont la conception est plus conforme aux doctrin économiques modernes et aux besoins actuels des sociétés civilisées. —

L'une des manières consiste à suivre la végétation d'un même massif depuis sa naissance jusqu'à sa mort, c'est la marche prescrite en France par la circulaire de l'Administration N°. 145, du 8 Décembre 1873. Mais si cette méthode est jusqu'à un certain point assez sure, elle est en tous cas excessivement longue.

Il est donc préférable d'avoir recours à des peuplements similaires qu'on puisse considérer comme les divers états de développement d'un même massif. Pour trouver ces termes comparables on se guidera avec avantage d'après le nombre de tiges à l'hectare que présentent les massifs d'expérience, ou, mieux encore, d'après les hauteurs des sujets qui les composent.(1) —

Toutefois, il ne faut pas se dissimuler que cette recherche est toujours délicate et que les forestiers qui s'y livrent sont exposés à commettre bien des erreurs d'appréciation, dues notamment à ce que les peuplements auxquels ils ont affaire ont eu leur physionomie et leur teneur en matériel modifiées par l'intervention de l'homme. Le problème est d'autant plus difficile à résoudre que les variations de l'accroissement moyen sont parfois très faibles.

Tables de production. — § 148. — On a construit en Allemagne des tables de production ou de rendement (Ertragstafeln) qui donnent pour chacune

---

(1) Les partisans du 1er Critérium se fondent sur une loi en vertu de laquelle, plus un sol est fertile, moins à un âge donné, le peuplement qu'il porte renfermerait de tiges à l'unité de surface; et ils expliquent ce fait en disant que, sur les sols riches les tiges d'avenir, plus vigoureuses que sur les sols maigres, mettent moins de temps à étouffer les sujets malingres.

Nous ne savons pas jusqu'à quel point cette loi est exacte, mais les expérimentateurs contemporains, notamment M. Baur de Munich, ont cessé de s'en préoccuper, puisqu'ils croient avoir observé que des massifs de consistance moyenne qui ont même hauteur à un âge donné sont dans des stations de même fertilité et végètent de la même façon. C'est pourquoi nous recommandons ce second critérium. —

des principales essences indigènes le volume à l'hectare des peuplements des différents âges, depuis le fourré jusqu'à la vieille futaie. Ces peuplements so groupés par classes (*Ertragsklassen*, *Bonitätsklassen*) suivant la puissance productive (*Bonität*) de la station (*Standort*) à laquelle ils appartienn Pour apprécier cette puissance productive, qui dépend à la fois du sol et climat de la station, on ne considère d'ailleurs que la végétation de l'essen à laquelle se rapporte la table. Le nombre des classes de production qu'o établit aujourd'hui varie entre 3 et 5 ; autrefois on en distinguait jus qu'à 9.

Certaines tables donnent, outre le volume total du peuplement[1] la ten en « *Derbholz* » c'est-à-dire le volume de toutes les portions de tiges ou branches de 0^{m}.07 de diamètre et au-dessus. — D'autres ajoutent encore à ces re seignements la hauteur moyenne du peuplement, le nombre de tiges à l'hectar la « *Grundflächen-Summe* » ou somme à l'hectare des surfaces transversales de les tiges mesurées à 1^{m}.30 du sol ; etc.

La plupart de ces tables concernent des peuplements de brins de semence, ma il y en a aussi pour les taillis. —

Il y en a de *générales* et de *spéciales*. — Les 1ères concernent toute l'aire d'hab tion d'une essence, ou, au moins, une grande étendue de pays (*Wachsthumgebiet*) dépendant de cette aire. — Les autres sont dressées spécialement pour une région forestière déterminée, comme par exemple le *Spessart*, la *Pfälzerwald*, etc. —

Enfin il existe aussi des tables analogues aux précédentes qui donnent le rendement des pe plements en produits intermédiaires (*Vor-Ertrags-Tafeln*). Elles sont construites, bien enten dans l'hypothèse que les éclaircies sont toujours exécutées suivant un même mode, nettement déterm

§ 149. — Nous transcrivons ci-après, à titre de spécimen, quelques unes de ces tables de production de rendement. Nous les avons réduites à leur plus simple expression en n'y faisant figurer que le volumes totaux des peuplements aux différents âges, pour les diverses classes de fertilité.[2]

---

(1) Les allemands entendent toujours par volume total d'un arbre ou d'un peuplement le volume de la partie aérienne des sujets. Ils n'y f pas rentrer les parties souterraines, souches et racines. —

(2) Les *agendas forestiers* (*Forstkalender*) d'Allemagne et d'Autriche renferment d'habitude plusieurs de ces tables. La construction tables générales pour toute l'Allemagne a été entreprise par l'association des stations d'expérimentations allemandes. —

Tables de rendement relatives à des peuplements de semence élevés en futaie.—

âges	Hêtre (d'après M. Baur)					Epicéa (d'après M. Baur)				Pin sylvestre (d'après M. Weise)				
	1re classe	2e classe	3e classe	4e classe	5e classe	1re classe	2e classe	3e classe	4e classe	1re classe	2e classe	3e classe	4e classe	5e classe
années	mètres cubes					mètres cubes				mètres cubes.				
10	27	22	14	4	3	40	30	17	11	68	44	36	27	17
20	80	58	40	25	17	137	92	59	41	162	107	90	74	57
30	161	114	84	60	39	276	180	130	85	255	193	150	122	97
40	248	187	139	103	64	412	297	210	145	336	270	203	166	133
50	338	264	194	146	89	526	406	292	205	407	332	247	204	162
60	422	343	251	192	116	616	495	362	255	472	379	284	235	187
70	502	416	310	237	150	697	575	426	295	525	417	317	261	208
80	580	482	365	280	181	768	651	486	335	569	448	346	279	223
90	651	545	420	320	211	838	711	541	370	606	475	371	292	231
100	721	603	472	360	241	902	768	585	400	637	496	390	—	—
110	784	659	520	400	271	962	817	625	425	664	516	407	—	—
120	841	713	567	435	297	1015	850	655	445	684	534	420	—	—

Table de rendement dressée par Feistmantel pour les taillis de chêne et hêtre avec bouleaux, érables, frênes, ormes, bois blanc et morts bois subordonnés.

âges	I			II			III		
	1re classe	2e classe	3e classe	4e classe	5e classe	6e classe	7e classe	8e classe	9e classe
10	49 mc	44 mc	38 mc	33 mc	27 mc	22 mc	16 mc	11 mc	5 mc
20	104	93	82	71	60	49	38	27	16
30	165	148	132	115	99	82	66	49	33
40	219	198	176	154	132	110	82	60	38
50	263	236	209	181	154	126	93	66	44
60	296	263	230	198	165	132	99	71	49

§ 150. — Pour trouver à l'aide de pareilles tables le terme de l'exploitabilité absolue d'un peuplement dont l'âge est connu, il faut rechercher tout d'abord quelle classe de fertilité il appartient; les tables qui indiquent le nombre de t à l'hectare et surtout celles qui donnent la hauteur moyenne des massifs f litent beaucoup cette recherche. — La classe déterminée, on obtient rapidement valeurs de l'accroissement moyen aux différents âges en divisant les volum de la table par les âges correspondants. L'époque du quotient maximum le terme de l'exploitabilité. D'ailleurs l'accroissement moyen est quelquefois tout c lé dans certaines tables.

Si l'on voulait tenir compte des produits intermédiaires il faudrait com l'emploi d'une table de rendement en produits principaux avec une table de re ment en produits intermédiaires.

Il est d'ailleurs évident que toutes les chances d'erreur auxquelles on e exposé dans la recherche directe du terme de l'exploitabilité absolue se ret vent dans l'emploi des tables; elles sont même aggravées par les erreurs qu'ont pu commettre les constructeurs de ces tables. — Mais malgré c difficultés, M. Judeich estime qu'avec de bonnes tables de production lo le terme de l'exploitabilité absolue peut se déterminer, pour les forêt traitées en futaie, avec une approximation de 10 à 20 ans, et pour l taillis simples un peu plus exactement encore.

§ 151. — Remarquons maintenant que le but principal des tables production n'est pas de favoriser la recherche du terme de l'exploitab absolue. Il est de permettre la solution rapide d'une foule de probl qui se présentent dans la gestion des forêts, et qui autrement nécessit des cubages et des expériences interminables. Que l'on demande par exemple, à bref délai, à un forestier l'estimation sommaire, en fonds e superficie, d'un grand domaine boisé; — ou le chiffre du matériel exi sur l'emprise d'un chemin de fer projeté; ou l'indemnité due au propri actuel de l'emprise pour l'abatage des bois avant le terme de leur exploitabilité, etc. A moins d'être un vieux praticien expérimenté qui connaît à fond la région où il opère et qui a déjà effectué dans le cours de sa carrière de nombreux travaux de l'espèce, le forestier dont nous parlons sera certainement fort embarrassé s'il ne dispose de tables de rendement. Ces tables jouent, en effet, à l'égard des peuplements, le rôle que remplissent les tarifs de cubage à l'égard des arbres considérés individuellement, et, grâce à elles, des débutants placés dans une région quelconque ne sont pas trop inférieurs aux vieux estimateurs qui se trouvent sur le terrain habituel de leurs opérations. — Sans doute les tables ne fournissent que des renseignements approximatifs, même à ceux qui savent bien s'en servir; mais les erreurs qu'elles occasionnent sont incomparablement moins grossières que celles qu'on est exposé à commettre lorsque ce secours précieux fait défaut.

Ajoutons que, avec une table générale, on obtient pour une forêt déterminée des résultats moins précis qu'avec une table spéciale à cette forêt; mais, par contre, la 1ère pourra être utilisée dans un plus grand rayon que la 2de. —

Époque où se réalise en fait l'exploitabilité absolue. — § 152. —

Pour les peuplements de semence de nos principales essences, traités en futaie, le maximum d'accroissement moyen se réalise, en général, entre 50 et 100 ans.

M. Schuberg, de Karlsruhe a trouvé récemment les limites suivantes (1)

Chêne : 70 à 90 ans

Hêtre : 55 à 110 ans

Charme : 30 à 65 ans

(1) Supplem. zur Forst- und JagdZeitung Bd XII. Heft 2.

30. Sapin : 50 à 90 ans
Epicéa : 60 à 85 ans
Pin : 30 à 60 ans. —

Pour une même essence il y a naturellement des variations suivant les sols. On croyait autrefois que le maximum se réalisait d'autant plus tard que le sol était meilleur. C'est l'inverse qui est vrai. D'après les expériences de MM. Schuberg, Baur et Théodore Ebermayer, le point culminant de l'accroissement moyen se présente plutôt sur les sols de bonne qualité que ceux de mauvaise et cela pour toutes les essences sans exception. —

Dans tous les cas aussi, l'accroissement moyen une fois arrivé au maximum reste de 10 à 20 ans stationnaire, puis il baisse très lentement. —

En ce qui concerne les taillis, l'exploitabilité absolue se réalise, d'après Feistmantel entre 30 et 40 ans pour les taillis de bois durs comme dans ceux où les bois blancs dominent; mais ces expériences déjà fort anciennes sont sujettes à caution. —

§. 153. — Dans les peuplements composés de brins de semence l'exploitabilité absolue se réalise vers l'époque où le massif entre en plein dans sa période de fertilité. On s'explique en effet qu'il y ait une certaine relation entre les deux phénomènes. —

Les expériences de M. Schuberg semblent aussi prouver, au moins en ce qui concerne le pin, que l'accroissement moyen (en volume) est maximum en même temps que l'accroissement annuel en hauteur. —

Conclusion. §. 154. — Nous avons déjà dit (§ 147) et l'on a constaté au cours du présent article, que la conception de l'exploitabilité absolue d'un massif n'a point d'utilité pratique directe. Si, malgré cela, nous en avons parlé longuement, c'est que la recherche du terme de cette exploitabilité offre un sérieux intérêt au point de vue spéculatif et présente ainsi des avantages indirects. Elle nécessite, en effet, des expériences qui font connaître que la marche de la végétation des différentes essences, la production des forêts en matière etc. et elle habitue le forestier aux observations précises et méthodiques. —

Le résultat le plus important à noter parmi ceux qui découlent de ces expériences c'est qu'à partir du moment où l'état de massif est bien constitué les variations de la production annuelle ne sont jamais considérables, et que l'accroissement moyen une fois parvenu au maximum, baisse lentement. De sorte qu'en laissant vieillir les peuplements au-delà du terme de l'exploitabilité absolue, on perd très peu en quantité, dans un temps donné. On sait, d'autre part, que les bois gagnent beaucoup en qualité.

2e Hypothèse. – Cas d'un arbre.

§ 155. – On peut étendre l'idée de l'exploitabilité absolue à un arbre considéré individuellement, en disant que cette exploitabilité est réalisée quand le quotient du volume V de l'arbre par son âge n est maximum.

On peut alors démontrer que : si l'on abat l'arbre à l'époque du maximum et si on le remplace immédiatement par un autre sujet de même essence et croissant dans les mêmes conditions, si enfin l'on coupe également celui-ci à l'époque du maximum, et ainsi de suite, on obtient, en un temps donné, la quantité de matière ligneuse maxima de cette succession d'arbres, de même que tout-à l'heure on obtenait le maximum de produits d'un peuplement qu'on supposait renaître sans cesse identique à lui-même. — Seulement, à la différence ce qui se passait dans le cas d'un peuplement, on ne peut plus parler, à propos d'un arbre, de la production d'une portion de terrain déterminée, attendu que la surface occupée par un arbre varie au fur et à mesure qu'il vieillit et se développe.

§ 156. — En fait, différents forestiers se sont livrés à la recherche du terme de l'exploitabilité absolue ainsi comprise. Le « Mémorial forestier » qui paraissait en France au début du siècle, renferme des articles sur cette question. — En Allemagne et en Autriche, quand on fait ce qu'on appelle des « analyses de tiges » on note aussi le moment où l'accroissement moyen total du sujet est à son point culminant. —

Mais il est inutile de dire que l'exploitabilité absolue des arbres pris isolément n'a pas plus d'intérêt au point de vue pratique, que celle des massifs. D'ailleurs il est douteux qu'on découvre jamais une loi relative à l'époque du maximum d'accroissement moyen d'un arbre d'une essence donnée, attendu que la marche de la végétation varie beaucoup plus d'un arbre à l'autre que de peuplement à peuplement. —(1)

Article II. — Exploitabilité technique.

§ 157. — L'exploitabilité technique est l'état d'un arbre ou d'un

---

(1) Le problème présente souvent, pour un arbre, une complication qui n'a pas lieu d'ordinaire pour les massifs. En effet, la courbe qui représente la marche des accroissements annuels d'un arbre est parfois très capricante et passe par plusieurs maximum. Or l'accroissement moyen suit forcément une marche analogue. Quel est alors le terme de l'exploitabilité absolue ? Est-ce l'époque du maximum maximorum ? — Le cas est embarrassant.

peuplement qui est arrivé au moment où il fournit la plus grande quantité possible de la matière propre à un art (<u>τέχνη</u>), à un métier, à un emploi donné.—

On peut admettre, quoique cela ne soit pas toujours parfaitement en rapport avec la définition, que l'exploitabilité technique d'un peuplement a lieu quand la majorité des tiges qui le composent sont arrivées au terme de leur exploitabilité technique individuelle.

§ 158.— L'exploitabilité technique se décompose en autant de sous-genres, ou, ce qui revient au même, elle a, pour un même arbre ou un même peuplement, autant de termes distincts qu'il y a d'emplois à satisfaire. Pour le pin sylvestre par ex., le terme de l'exploitabilité technique varie suivant qu'il s'agit d'obtenir des poteaux télégraphiques ou des madriers, etc.—[1]

Plus sont gros les bois que réclame une industrie dont les besoins servent de base à une exploitation forestière, plus le terme de l'exploitabilité technique est reculé.[2] S'il s'agit d'un peuplement, plus le terme de l'exploitabilité technique se trouve au-delà du maximum d'accroissement moyen, plus le propriétaire perd sur la quantité de matière obtenue en un temps donné. Mais cette perte ne fait pas nécessairement baisser le revenu, au contraire, grâce à l'accroissement de qualité des bois.— D'ailleurs nous avons vu (§ 155) que la baisse de l'accroissement moyen est très lente.—

---

(1) Quand on assimile l'écorce aux produits ligneux, il faut admettre que l'exploitabilité d'un taillis de chêne au point de vue du rendement en écorce à tan est un des sous-genres de l'exploitabilité technique.— Dans les forêts soumises aux modes accessoires de l'émonde et de l'étêtement on applique également aux branches coupées tous les 1, 2 ou 3 ans, un des sous-genres de l'exploitabilité technique, par ex. l'exploitabilité relative à la litière. Quant aux arbres émondés ou étêtés, ils peuvent être coupés à leur tour au terme d'une exploitabilité quelconque.—

(2) Il peut être d'un an dans le cas des oseraies.—

§ 159. – Les seuls propriétaires qui aient intérêt à réaliser, de propos délibéré, l'exploitabilité technique, sont ceux qui consomment eux-mêmes les bois de leurs forêts, par ex: les Compagnies propriétaires de mines (perches), de chemins de fer (traverses) etc. – Ils sont d'ailleurs assez nombreux dans certains pays, notamment en Autriche; il y en a même en France. –

Toutefois l'exploitabilité technique peut encore être appliquée, en fait, par des propriétaires qui vendent leurs bois mais qui, pour une raison ou pour une autre, ne veulent ou ne peuvent pas appliquer l'exploitabilité qui conviendrait normalement à leur situation. –

§ 160. – Pour trouver le terme de l'exploitabilité technique d'un peuplement, on abat des tiges d'expériences ayant crû dans les mêmes conditions que celles qui composent le peuplement et on compte leurs couches annuelles. – Cette recherche ne donne pas de résultats très précis, en raison de l'inégalité de la végétation de deux sujets même voisins. – M. Judeich trouve même qu'elle aboutit, en ce qui concerne les peuplements, à un nombre d'années moins certain que celui qui se rapporte au maximum d'accroissement moyen. Cette difficulté augmente avec l'éloignement du terme cherché. –

Article III – Exploitabilité économique –

1ère Hypothèse – Cas d'un arbre. –

§ 161. Nous dirons qu'un arbre réalise l'exploitabilité économique ou sociale quand il aura atteint le moment où son bois sera le plus apte à la plupart des emplois conciliables avec les qualités de l'essence à laquelle il appartient

C'est là, sans nul doute l'exploitabilité qui correspond le mieux aux véritables besoins des sociétés et aux enseignements de l'économie politique : d'où les épithètes par lesquelles nous la désignons. —

§ 162. — Nous allons démontrer maintenant qu'un volume donné de bois, par exemple un mètre cube, est d'autant plus utile pour la plupart des emplois, et, par conséquent, d'autant plus utile, absolument parlant qu'il provient d'un arbre de plus fortes dimensions. —

Il y a trois raisons à ce fait. —

1° Les gros bois ont des emplois plus nombreux que les petits bois et les bois moyens. Avec un chêne de 0m.20 de diamètre on ne peut faire que des échalas par ex. — avec un chêne de 0m.40 on fera, en outre, de la charpente ; avec un chêne de 0m.60 des planches ordinaires ; avec un chêne de 0m.80 des planches débitées sur maille.

2° Dans les gros bois, le déchet dû à l'équarrissage est moins considérable que chez les petits <u>abstraction faite de la considération de l'aubier</u>. — Soit, en effet, une bille A d'une longueur et d'un diamètre quelconques. Supposons que dans cette bille, on puisse utiliser pour l'œuvre la partie correspondante au carré inscrit : le déchet sera formé par 4 dosses.

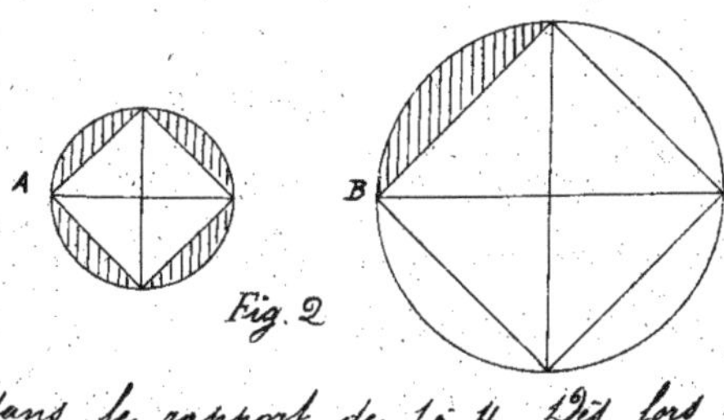

Fig. 2

Soit maintenant une bille B de même longueur que la première mais d'un diamètre double. Elle aura un volume quadruple et les prismes correspondants aux carrés inscrits seront aussi dans le rapport de 1 à 4. Dès lors un quartier de la bille B aura le même volume que la bille A et il renfermera une partie triangulaire, propre à l'œuvre équivalente au prisme total taillé dans A. — Mais, dans ce quartier de la bille B, on pourra souvent utiliser encore pour l'œuvre une partie de la dosse, qui a une flèche deux fois plus grande que chacune des dosses de A. On voit donc que à volume égal, le bois de [illegible] a chance de donner un moindre déchet que le bois de A. —

3° La 3e raison concerne seulement les essences qui ont de l'aubier. — L'épaisseur de l'aubier restant à peu près constante au fur et à mesure que l'arbre grossit, la proportion d'aubier et, par conséquent, de matière inutile diminue. En effet supposons que la longueur de fût soit invariable, comme c'est le cas général une fois que le fût est constitué. — Appelons R le rayon total de l'arbre considéré et e l'épaisseur constante de l'aubier. Le rapport du volume de l'aubier au volume total est $\frac{\pi R^2 - \pi (R-e)^2}{\pi R^2}$ $= \frac{2Re - e^2}{R^2} = \frac{2e}{R} - \frac{e^2}{R^2}$, quantité qui diminue évidemment quand R augmente. —

§ 163. — Pour les trois motifs ci-dessus énoncés, les gros bois sont plus recherchés que les autres et se paient plus cher à l'unité de volume. Sans doute les industries qui n'ont besoin que de bois petits et moyens, en raison de la dimension des objets qu'elles fabriquent peuvent se rabattre sur ces catégories, ce qui diminue la demande des gros bois. Mais, d'un autre côté, l'offre est considérablement réduite pour ceux-ci par leur rareté. De sorte que leur prix arrive parfois à être excessivement élevé. —

§ 164. — Après avoir démontré la proposition précédente, il reste à faire observer que le bois d'un arbre qui grossit en vieillissant finit, à un certain moment par se décomposer au cœur. Il est alors évident qu'il tend à perdre toutes ses qualités techniques.

Si donc l'on veut préciser la définition de l'exploitabilité économique d'un arbre en indiquant l'époque à laquelle elle se réalise, il faut dire que c'est : quand l'arbre est arrivé au plus grand diamètre qu'il puisse atteindre sans présenter un commencement de décomposition de tissus ligneux. —

§. 165. — Nous dirons avec M. Broilliard qu'à ce moment l'arbre est mûr, de même qu'un fruit est mûr lorsqu'il est arrivé au point de son évolution physiologique à partir duquel sa substance tend à s'altérer et à se décomposer en ses principes élémentaires. L'arbre comme le fruit sont alors bons à être détachés du sol. —

Il ne faut pas confondre la maturité ainsi définie avec d'autres époques qu'on a quelquefois désignées à l'aide du même nom. Il ne faut surtout pas la confondre avec le retour, dont nous avons parlé plus haut (§§ 130, 134). La maturité précède le retour; l'arbre mûr n'est pas encore dépérissant.[1]

§ 166. — Pour trouver le terme de l'exploitation économique d'arbres d'une essence donnée, croissant dans certaines conditions de climat, de sol et de milieu végétal, il faut compter les couches annuelles d'un aussi grand nombre que possible de sujets qui ont vécu dans les mêmes conditions et qui sont arrivés à maturité. La moyenne des âges de tous ces sujets d'expérience sera le terme de l'exploitabilité économique des arbres de l'essence considérée, eu égard aux circonstances où ils ont été placés.

Les résultats varieront naturellement pour une même localité, suivant que l'on aura eu affaire à des arbres élevés en massif plein dans des peuplements d'un seul âge, ou à des sujets qui se seront développés plus ou moins librement par l'effet du jardinage ou du

---

(1) Du reste il n'y a pas à se dissimuler qu'en parlant de la maturité et du retour on ne se place pas tout à fait au même point de vue. La phase de la maturité est caractérisée par l'état du bois, uniquement; tandis que la phase du retour est caractérisée par l'état de la végétation. — L'arbre mûr a toujours, par définition, le bois encore sain. — L'arbre sur le retour n'a pas, par définition, le bois altéré; il l'a seulement en général.

taillis-sous-futaie. — Mais, les données obtenues ne seront jamais très précises, surtout dans le cas du jardinage et du traitement en taillis-sous-futaie, à cause des différences que présente toujours la végétation des arbres d'un individu à l'autre.

§ 167. — Il y a, d'après M. Broilliard, des signes extérieurs caractéristiques qui permettent de reconnaître si un arbre sur pied est arrivé ou non au terme de l'exploitation économique. Nous ne nous occuperons que du chêne et du sapin, c'est-à-dire des deux principales essences parmi les feuillus et les résineux. —

Quand le chêne arrive à maturité, les pousses annuelles deviennent courtes, le feuillage se raréfie et prend une couleur verte un peu terne. Les feuilles apparaissent de bonne heure au printemps, et surtout elles jaunissent à l'automne avant celles des sujets plus vigoureux. Un dernier signe très caractéristique, d'après M. Broilliard, c'est que les feuilles du sommet de l'arbre tombent plus tôt à l'automne que celles des branches inférieures. C'est à ce moment qu'il faut exploiter l'arbre pour en tirer les produits les plus utiles. Lorsque le chêne arrive sur le retour, il se couronne (voir § 134), et son bois tend à s'altérer au cœur.

En ce qui concerne le sapin, lorsqu'il arrive à maturité, le haut de sa cîme prend la forme tabulaire, aplatie comme un nid d'oiseau. Le feuillage est ramassé sur le pourtour de cette table et il est beaucoup plus abondant que sur les branches inférieures. Enfin les aiguilles sont courtes et peu luisantes. — Pour le sapin comme pour le chêne, la phase de retour est indiquée par la mort de quelques branches principales de la cîme (voir § 134); de plus, la forme de celle-ci, de circulaire qu'elle était en projection horizontale, devient irrégulière, déchiquetée.

§ 168. — Ainsi que le faisait encore observer M. Broilliard, il y a quelques circonstances où le bois d'un arbre sur pied s'altère prématurément au cœur, se cadrane, avant que la cime manifeste les caractères de dépérissement que nous venons d'indiquer. — Ce sont des cas exceptionnels, dont l'expérience locale révèle seule l'existence — (Ex: chênes sur certains sols siliceux pauvres et superficiels; — sapin sur le grès rouge des environs de St Dié, ou sur le granit de la région de Fraize). —

2e Hypothèse — Cas d'un peuplement. —

§ 169. — Un peuplement sera, par définition, arrivé à l'exploitabilité économique ou à la maturité au moment où il fournira la plus grande quantité possible de bois sain. —

Nous admettrons, bien que cela ne soit pas absolument exact, que ce moment coïncide avec celui où la majorité des arbres du peuplement considéré sont mûrs, chacun étant pris isolément. —

Il résulte des inégalités de la végétation d'un individu à l'autre, qu'à ce même moment certains sujets ne sont pas encore mûrs, tandis que d'autres sont déjà sur le retour. —

L'époque de la maturité d'un massif, ou plus généralement, d'un peuplement, n'est pas un instant précis, mathématique et l'approximation avec laquelle on peut la déterminer est encore moins grande que celle qu'on obtient dans la recherche de l'exploitabilité économique d'un arbre. —

§ 170. — Le volume d'un massif d'un seul âge augmente pendant très longtemps, et il ne baisse que lorsque beaucoup d'arbres, devenant dépérissants, le massif considéré dans son ensemble, est lui-même sur le retour.(1)

(1) Il est clair que cette observation n'est juste qu'à la condition de regarder le massif comme composé exclusivement des sujets qui le formaient à l'origine. Autrement, si l'on tient compte des éléments par lesquels s'opère sa régénération naturelle, on a finalement affaire à un peuplement d'âges multiples dont le matériel peut être sensiblement constant.

D'autre part nous avons vu (§ 163) que le mètre cube de bois provenant d'un arbre mûr a, sur le mètre cube d'un arbre provenant soit d'un arbre moins gros soit d'un arbre plus gros mais gâté, une supériorité de prix parfois très marquée.

Par conséquent, au moment de sa maturité, tout massif arrive, en gé[néral] au maximum de sa valeur vénale. – Avant que le peuplement atteigne le terme de l'exploitabilité économique sa valeur va sans cesse en croissant; après, elle va, <u>en général</u>, en diminuant. –

Nous disons <u>en général</u> parceque la prime qu'on paie pour certains arbres exceptionnellement gros d'un peuplement, peut parfois compenser, et au delà, la perte résultant de ce que la majorité des arbres du peuplement sont sur le retour et gâtés au cœur. –

§ 171. – En parlant d'un peuplement mûr nous avons en vue, non seulement un peuplement d'un seul âge (voir § 126), mais encore un peuplement d'une seule essence, ou peuplement <u>pur</u>. – L'idée de l'exploitabilité économique appliquée à un peuplement <u>mélangé</u>, c'est-à-dire formé de plusieurs essences, n'a de sens que si, dans ce peuplement on ne tient compte que d'une seule essence, la plus précieuse, en ne regardant les autres que comme un élément auxiliaire ou de remplissage. –

§ 172. – Pour trouver le terme de l'exploitabilité économique d'un peuplement, il faut faire des observations multipliées sur les arbres de ce peuplement ou de peuplements similaires, compter leurs couches annuelles et prendre la moyenne des résultats obtenus. – Cette moyenne sera le nombre d'années cherché. – D'après ce qui a été dit au § 169, le résultat final ne peut pas être bien précis. –

§ 173. – Il est bon de savoir reconnaître, à certains signes extérieurs un massif est arrivé ou non à la maturité. —

On a songé à prendre comme caractéristique l'aspect général du peuplement, au point de vue cultural ; mais, ce criterium nous paraît bien vague lorsqu'il repose sur autre chose que les caractères de maturité spéciaux aux différents arbres pris individuellement (§ 167). —

M. Broilliard recommande aussi un diagnostic où interviennent des considérations économiques.(1) Le terme de la maturité d'un massif est compris, dit-il, entre 2 limites. La limite inférieure est le moment où la majorité des arbres commencent à donner des bois entrant dans la première catégorie marchande du pays. — La limite supérieure, séparée de la précédente d'une trentaine d'années, est le moment où le massif est sur le retour, c'est-à-dire où la majorité des arbres sont sur le retour et où le massif s'entrouvre par suite de la mort des plus caducs. —

§ 174. — L'existence de ces deux limites se justifie de la façon suivante. Les dimensions de la 1re catégorie commerciale ou marchande sont en somme les plus fortes dimensions que la moyenne des bois puisse atteindre dans une région donnée. Cela résulte d'un fait économique déjà signalé (§ 163), à savoir que les industries paient le plus cher les bois les plus gros, et d'un fait naturel signalé aussi (§ 164), à savoir que l'ensemble des arbres croissant dans une région ne peut pas dépasser un certain diamètre sans se gâter au cœur.(2) Il résulte de

---

(1) Voir cours d'aménagement. Pages 101, 102, 103 passim. —

(2) Dans le Jura, les sapins mûrs ne dépassent pas en moyenne 0m.70 de diamètre ; donc 0m.70 sera le diamètre de la 1re catégorie commerciale. Si l'ensemble des sapins du Jura pouvait arriver à 1m de diamètre avec des bois parfaitement sains, le commerce aurait fixé sa 1re catégorie de sapins à 1m de diamètre. —

là qu'*inversement*, lorsque la majorité des tiges d'un massif arrive au[x] dimensions correspondant à la 1re Catégorie marchande, le massif est voi[sin] en plus ou en moins de sa maturité. Voilà pour la limite inférieure.

D'autre part, on peut évidemment admettre sans grande erreur (voir § 169) que la maturité du peuplement est dépassée lorsque la major[ité des] tiges est entrée dans la phase du retour. — voilà pour la limite supérieure. —[1]

Maintenant il faut reconnaître que le critérium qui nous occupe est devenu d'une utilité contestable pour le chêne, attendu que, d'ap[rès] les faits également mis en lumière par M. Broilliard, il n'y a plu[s] aujourd'hui de 1re Catégorie commerciale pour les bois de cette essence. Ils sont en effet si précieux aujourd'hui que leur prix augmente sa[ns] cesse avec le diamètre des troncs dont ils proviennent. Le sapin tend également à présenter des prix proportionnels au diamètre.—[2]

Il est d'ailleurs superflu d'ajouter que ce critérium ne peut pa[s] servir dans le cas de peuplements atteints d'une carie pré-maturée (§ 168). —

Sous-section B. —
Exploitabilités financières ou relatives au Rendement en Argent. —

---

(1) M. Broilliard ajoute à ces explications les motifs qui doivent faire mainten[ir] un peuplement sur pied jusque vers la limite supérieure de la maturité. — Mais les consi-dérations sur la valeur pécuniaire du peuplement, dans lesquelles il entre à ce sujet, tiennen[t] à ce que dans sa conception de l'exploitabilité économique rentre aussi implicitement celle de not[re] exploitabilité relative à la plus grande rente forestière. Elles seraient donc hors de propos ici.

(2) Ces assertions sont infirmées dans une certaine mesure par la baisse qui s'est produite d[ans] les dernières années sur les prix du bois d'œuvre ; mais selon toutes probabilités, c'est là un accident passag[er].

Article 1er _ Exploitabilité relative à la plus grande Rente forestière.

§ 175._ Les Allemands appellent *rente de la forêt* ou *rente forestière* (*Waldrente*) le revenu net que l'on est amené à envisager lorsqu'on considère la forêt comme une entité où le sol et le capital ligneux forment un tout inséparable. Nous avons vu (§ 119) que, dans ces conditions, on passe du revenu brut à la *rente* ou *revenu net*, en déduisant simplement du premier ceux des frais d'exploitation qui sont soldés en argent c'est-à-dire les salaires. _ La rente forestière représente en d'autres termes, la somme encaissée par le propriétaire de la forêt, déduction faite de toutes ses dépenses. _

L'exploitabilité relative à la plus grande rente forestière a précisément lieu lorsque cette rente est maximum.

En Allemagne, où cette conception a pris naissance, on ne s'occupe que de la rente forestière des peuplements ; mais on peut également étendre l'idée aux arbres pris individuellement.

1ère Hypothèse._ Cas d'un peuplement._

§ 176._ Imaginons une forêt normale, de surface S, soumise à la révolution de n années et couverte par conséquent de n peuplements d'âges parfaitement gradués de 1 à n années. Soit R la valeur de l'hectare du peuplement exploitable ; soient E_a, E_b etc. les valeurs à l'hectare des produits intermédiaires réalisés aux âges a, b, c etc. _ Soit p la somme qui représente par hectare les frais de création du peuplement qui remplace chaque année celui qu'on exploite. Soient enfin g et i les frais annuels par hectare de gestion et d'impôt.

Par définition, la rente forestière de cette forêt sera donnée par la somme algébrique :

$$\frac{S}{n} \times \left\{ R + E_a + E_b + \ldots\ldots\ldots\ldots\ldots p - n \times (g+i) \right\} \quad (1)$$

L'exploitabilité relative à la plus grande rente forestière sera l'état au quel devra arriver chaque peuplement de la forêt pour que cette expression soit maximum, et la valeur correspondante de n sera le terme de cette exploitabilité.

On voit donc que l'exploitabilité relative à la plus grande rente forestière pourrait s'appeler aussi exploitabilité relative au plus grand revenu net annuel moyen.

§ 177. – Au lieu de considérer toute une forêt, on peut n'envisager qu'un seul de ses peuplements. Il suffit pour cela de se rappeler (§ 1.. ad notam) que chacun des peuplements d'une forêt normale représente dans l'espace, les divers états de développement d'un même peuplement dans le temps, et de remarquer que si, dans l'expression (1) § 176 on fait abstraction du facteur constant S, cette expression n'est autre chose que la moyenne arithmétique de tous les revenus (positifs ou négatifs) que chaque peuplement a fournis par hectare à un moment quelconque n de son existence. –

Dès lors le terme de l'exploitabilité relative à la plus grande rente forestière sera, pour un peuplement quelconque la valeur de n pour laquelle la moyenne arithmétique

$$\frac{R + E_a + E_b + \ldots\ldots\ldots\ldots p - n\,(g+i)}{n} \quad (2)$$

sera maximum. –

Pour trouver ce terme, il faut déterminer par expérience les valeurs R, E_a etc. que fournit le peuplement aux différents âges, remplacer également les lettres p, g et i par les quantités qui conviennent au cas particulier, et établir ainsi une série de moyennes

§ 178. — Un exemple concret fera mieux comprendre la façon de procéder.[1] Soit un peuplement couvrant 1 hectare, qui a exigé 30 frs. de frais de création. Il réclame tous les ans 3 frs. pour frais de gestion et impôts, et il fournit à 20 ans des produits intermédiaires d'une valeur de 5 frs; à 40 ans d° de 20 frs.; à 60 ans des produits principaux de 800 frs. — Sa rente forestière (son revenu net annuel moyen) sera:

$$\frac{5 + 20 + 800 - 3 - (3 \times 60)}{60} = 10^{f}.25$$

Si on laissait ce peuplement sur pied jusqu'à 80 ans, et si on obtenait à 60 ans des produits intermédiaires d'une valeur de 25 frs, à 80 ans des produits principaux de 1260 frs... Sa rente forestière serait:

$$\frac{5 + 20 + 25 + 1260 - 30 - (3 \times 80)}{80} = 13^{f}.$$

L'exploitation à 80 ans serait d'après cela plus avantageuse qu'à 60, et le terme cherché serait supérieur à 80 ans. On continuerait de la sorte jusqu'à ce qu'on constatât une baisse dans la rente forestière. A ce moment le terme serait atteint.

§ 179 — Soit maintenant une forêt normale de 60 hectares soumise à la révolution de 60 ans et supposons que chacun de ses peuplements végète comme celui de tout à l'heure. La rente forestière y sera égale à

$$5 + 20 + 800 - 30 - (3 \times 60) = 615^{f} = 60 \times 10^{f}.25$$

Cette même forêt de <u>60 hectares</u> soumise à une révolution de 80 ans aurait évidemment pour rente forestière

$$\frac{60}{80} \times \left\{ 5 + 20 + 25 + 1260 - 30 - (3 \times 80) \right\} = 780^{f} = 60 \times 13^{f}$$

La différence des rentes forestières obtenues ci dessus suivant qu'on exploite à 60 ou à 80 ans, différence qui est en faveur de la révolution

---

(1) Cet exemple et le suivant sont empruntés au traité d'aménagement de M. Judeich.

de 80 ans, s'explique évidemment par la différence de grandeur des capitau ligneux engagés dans l'exploitation, car tous les autres facteurs de la production sont restés identiques par hypothèse.

§ 180. — On n'a pas de peine à reconnaître qu'un accroissement de qua très faible suffit pour éloigner considérablement le terme de l'exploitabilit relative à la plus grande rente forestière. C'est au moins ce qui arrive lor que l'accroissement en matière n'est pas déjà entré dans une phase de l décroissance bien caractérisée. Or, on sait que cette phase se présente très ta (§ 152). Aussi, en fait, l'application de l'exploitabilité dont il s'agit entraîne-t-elle toujours de longues révolutions. —

§ 181. — Si l'on se reporte à l'expression générale de la rente forest d'un peuplement (§ 177), on voit de suite que la conception de cette ren n'est pas légitime au point de vue mathématique, attendu qu'elle con à totaliser purement et simplement des recettes et des dépenses qui so effectuées à des époques différentes, et, par conséquent à négliger les inté de sommes perçues ou payées à des intervalles souvent très considérables. —[1]

---

(1) Quand on envisage une forêt normale au lieu d'un peuplement, l'erreur inhérente à la conception de la rente forestière n'est pas aussi choquante parce que, dans ce ca les revenus et les dépenses dont on prend la moyenne arithmétique se rapportent les u et les autres à une même année. — Mais cette erreur n'en existe pas moins, e consiste en ceci : qu'on néglige, parmi les frais de production, les intérêts du capit ligneux actuellement sur pied ; ou, ce qui revient au même, en ceci qu'on ne tien pas compte des privations de revenu qu'on s'est imposées dans le passé pour arri à constituer ce capital ligneux. — D'ailleurs, il est évident a priori, que si la ren forestière d'un peuplement est une conception erronée, celle de la forêt correspondante l'est également, car les deux expressions ne diffèrent que par un facteur constant représentant la contenance de la forêt (voir §§ 176 et 177).

M. Judeich et avec lui les auteurs allemands partisans de la « Reinertrags-théorie » concluent de là que l'application de l'exploitabilité relative à la plus grande rente forestière n'est justifiée ni scientifiquement ni pratiquement. C'est aller trop loin. —

Sans doute, en se plaçant au point de vue mathématique pur, on ne peut admettre cette exploitabilité. Mais il faut remarquer que la possession d'un capital ligneux considérable procure des avantages que ne révèle pas le calcul ci-dessus, et dès lors on reconnaîtra qu'il n'est nullement déraisonnable d'accumuler dans une forêt assez de matériel pour arriver à toucher la plus grande rente forestière, c'est-à-dire le plus grand revenu net annuel moyen. Les forêts sont en effet les caisses d'épargne les plus sûres qu'on connaisse jusqu'à présent. Nous reviendrons d'ailleurs là-dessus en parlant du choix de l'exploitabilité. —

§. 182. — A considérer les choses avec toute la rigueur que comporte la théorie, c'est une erreur de croire que le plus grand revenu net annuel moyen est réalisé lorsqu'on applique l'exploitabilité économique.

Sans doute, si nous représentons par R', R'', R''' etc. les valeurs à l'hectare d'un même peuplement aux âges n', n'', n''' etc. nous avons vu que n'' étant, par exemple, le terme de l'exploitabilité économique, R'' sera, en général, le maximum de la variable R. Mais il ne s'en suit pas nécessairement que $\frac{R''}{n''}$ soit aussi le maximum de la variable $\frac{R}{n}$, c'est-à-dire de la série des quotients $\frac{R'}{n'}$, $\frac{R''}{n''}$, $\frac{R'''}{n'''}$ etc. A plus forte raison le maximum de R ne coïncide-t-il pas nécessairement avec le maximum de l'expression $\frac{R+E-F}{n}$ où E représente les produits intermédiaires et F les frais de gestion etc. Or c'est là l'expression de la rente forestière. — D'ailleurs nous avons vu également (§170) que le maximum de R peut avoir lieu, dans certains cas, au delà du terme de la maturité. —

Toutefois, comme il n'y a jamais, en fait, un écart considérable entre les termes des exploitabilités économique et relative à la plus grande rente forestière, on est en droit de les confondre pratiquement.

2e Hypothèse. – Cas d'un arbre. –

§ 183. – On peut étendre à un arbre la conception de l'exploitabilité relative à la plus grande rente forestière, en disant qu'elle a lieu lorsque le quotient de la valeur nette[1] de l'arbre par son âge est maximum.

Ainsi, soient R', R" etc. les valeurs nettes périodiques d'un même arbre aux âges n' n" etc. : l'exploitabilité sera réalisée quand le quotient de la forme $\frac{R}{n}$ sera maximum.

Cette conception, vicieuse au point de vue mathématique comme dans le cas d'un peuplement, n'offre pas non plus d'intérêt pratique, à cause du faible écart qui existe, ici encore, entre l'époque du maximum de la rente forestière et celle de la maturité.

Article II – Exploitabilité commerciale ou relative à la plus grande rente foncière. –

§ 184. – L'exploitabilité dont nous allons nous occuper a été conçue en Allemagne sous le nom de « Haubarkeit der höchsten Bodenrente » ou « des höchsten Bodenreinertrags » ou encore « des höchsten Reinertrags ». Elle a une importance toute particulière à cause des nombreuses théories et des non moins nombreuses controverses auxquelles elle a donné lieu. D'après une certaine école qui compte d'ailleurs à sa tête des hommes éminents, c'est l'exploitabilité par

(1) Pour que la valeur attribuée à un arbre mérite la qualification de nette, il nous semble qu'il faut, pour l'obtenir, défalquer de la valeur brute, outre les salaires (§ 175) le montant du dommage causé par le sujet considéré à la végétation des sujets qui l'environnent. C'est en effet là un élément négatif du revenu qui n'est pas toujours négligeable chez un vieux arbre. –

excellence, celle qui doit être appliquée dans toutes les forêts de rapport, à quelque propriétaire qu'elles appartiennent. Nous verrons plus tard ce qu'il faut penser de cette opinion. —

L'exploitabilité dont il s'agit est souvent désignée, en allemand, par l'épithète « finanzielle » parcequ'elle répond à des considérations financières. —

En France, on l'a appelée exploitabilité commerciale, parce qu'elle convient incontestablement aux commerçants, aux spéculateurs. — Nous adopterons cette dénomination, commode à cause de sa brièveté. — Il est vrai que, en raison de la façon particulière dont on a envisagé la question de la rente dans notre pays, on a défini l'exploitabilité commerciale, en disant qu'elle était relative au taux de placement le plus élevé. Mais nous expliquerons plus loin cette apparente contradiction. —

Ajoutons enfin qu'imaginée en Allemagne à propos des peuplements, l'exploitabilité commerciale a été étendue en France à des arbres considérés individuellement. —

1ère Hypothèse. — Cas d'un peuplement. —

Exposé de la conception réduite à ses traits essentiels. — § 185. — Nous savons (§ 121) que la rente du sol ou rente foncière, fournie par une propriété boisée est le revenu net annuel obtenu en défalquant du revenu brut, non seulement les frais soldés en argent, mais encore les intérêts du capital ligneux. — C'est, en d'autres termes, le revenu net annuel que donne un sol propre à produire du bois; c'est ce qu'on a quelquefois appelé en France, la valeur de la feuille ou pousse annuelle.

Nous savons aussi (§ 143 ad notam) que cette conception,

imaginée à l'origine, à propos d'une forêt normale, est parfaitement applicable à un peuplement. —

Dès lors, par définition, l'exploitabilité commerciale d'un peuplement a lieu au moment où le revenu net annuel du terrain occupé par ce peuplement est maximum. — Et, pour trouver le terme de l'exploitabilité commerciale de ce peuplement, il faut calculer les valeurs que prend la rente du sol aux différentes époques de son existence et chercher la valeur maximum.

§ 186. — Soit un peuplement qui couvre l'unité de surface et qui fournit aux âges n', n'', n''', n^{IV} etc. les valeurs R', R'', R''', R^{IV} etc déterminées directement <u>par expérience</u>. — Supposons que les produits intermédiaires soient nuls ou négligeables. — Supposons enfin que les frais de création, de gestion et d'impôt soient également négligeables. —

Si l'on coupe le peuplement toutes les n' années on aura un revenu périodique R'.

Pour passer de ce revenu périodique à la rente, il faut admettre évidemment que les capitaux engagés dans la production forestière considérée fonctionnent à un certain taux de placement déterminé à l'avance, c'est-à-dire qu'il y a un rapport connu, constant et bien établi entre la valeur capitale du sol ou fonds et le revenu qu'il produit annuellement. — C'est d'ailleurs ce qui a lieu dans chaque pays et pour chaque nature de propriété foncière. — Recherchons ce taux. Supposons qu'il soit $\frac{t}{100} = 0,0t$. —

D'autre part, les bois coupés tous les ans à l'âge d'un an étant le revenu annuel du sol forestier, il est logique d'assimiler les bois laissés sur pied pendant deux ans à l'accumulation à intérêts composés de 2 revenus annuels; ...... pendant n' années à n' revenus annuels etc. —

Dans ces conditions, la valeur du sol sera le capital qui engendrera à intérêts composés, toutes les n' années, le revenu périodique R', et, en appelant C' ce capital, nous avons, en vertu de la formule des intérêts composés :

$$R' = C' \left\{ 1,0t^{n'} - 1 \right\} \qquad \text{d'où}$$

$$C' = \frac{R'}{1,0t^{n'} - 1}$$

Voilà la valeur du capital générateur, la valeur du sol dans l'hypothèse que l'on coupe les bois toutes les n' années. — Pour avoir la *rente*, c'est-à-dire le *revenu annuel* r', on n'a qu'à appliquer la formule des intérêts simples, et il vient :

$$r' = \frac{R'}{1,0t^{n'} - 1} \times 0,0t$$

Cette dernière expression répond bien à la définition de la rente (§§ 121 et 185) car : 1° elle représente un revenu annuel ; 2° ce revenu n'est plus grevé des intérêts du capital ligneux, puisque nous avons précisément considéré le dit capital ligneux comme l'accumulation des rentes du sol ; 3° les autres frais sont nuls par hypothèse. —

Nous aurions de même :

$$r'' = \frac{R''}{1,0t^{n''} - 1} \times 0,0t$$

$$r''' = \frac{R'''}{1,0t^{n'''} - 1} \times 0,0t \quad \text{etc.} —$$

Parmi toutes ces valeurs il y en a une qui est maximum : la valeur de n qui lui correspond est le terme de l'exploitabilité commerciale.

§ 187. — Ainsi que l'a montré G. Heyer[1] on trouverait le même terme en attribuant au sol une valeur donnée (par ex. sa valeur d'achat), et en calculant : soit l'époque où se réalise le plus grand bénéfice d'entreprise ; — soit l'époque où l'on retire le plus grand intérêt « *moyen* » des capitaux engagés dans l'exploitation forestière considérée. — Nous

(1) Waldwerthrechnung. 3e Edition 1883. P. 139 et suiv.

démontrerons nous même, en exposant le système de M. Broilliard, que la recherche du moment où le peuplement fonctionne au taux de placement le plus élevé, conduit à un résultat identique. —

Mais, en somme, la conception de la rente foncière constitue la théorie la plus simple de l'exploitabilité commerciale. —

Remarques diverses. — § 188 — Les expressions r', r'', r''' etc. ne diffèrent des valeurs capitales du sol C', C'', C''' que par le facteur constant 0,0t. Le capital générateur des revenus périodiques, ou valeur du sol, est donc maximum en même temps que la rente. On peut donc trouver le terme de l'exploitabilité commerciale en ne s'occupant que de la valeur du sol.

§ 189. — R est la somme de n annuités égales à r et payées à la fin de chaque année. On la vérifie en considérant la formule générale des annuités[1] $A_n = \frac{a}{r}\left[(1+r)^n - 1\right]$. et en remplaçant dans cette formule les lettres A_n, r et a respectivement par R, 0,0t et r.

§ 190. — Plus l'accroissement de valeur des peuplements avec leur âge est rapide et soutenu, plus tard, pour un même taux, se réalisera l'exploitabilité commerciale. — Cela se voit sur la formule $C = \frac{R}{1{,}0t^n - 1}$. La série de valeurs que prend le dénominateur est constante, par hypothèse; alors la fraction grandira d'autant plus longtemps que R augmentera d'une façon plus sensible et plus continue. —

La rareté, et par conséquent la hausse du prix des gros bois comparativement aux petits, tend donc à faire reculer le terme de l'exploitabilité commerciale. —

(1) Voir annuaire du Bureau des Longitudes, 1886, page 358.

On verrait de même que l'abondance des gros bois rapproche ce terme.

§ 191. – On comprend, d'après cela, que le moment où C devient maximum coïncide toujours avec l'époque où le bois, après avoir atteint certaines dimensions réclamées par un débit rémunérateur, n'augmente plus que faiblement sa valeur d'une année à l'autre. – Alors, en effet, l'accroissement du dénominateur $1,0t^n - 1$, qui continue toujours à suivre la loi en vertu de laquelle croissent les puissances d'un nombre >1, ne tarde pas à dépasser l'accroissement du numérateur R. –

§ 192. – Etant donné un système de valeurs pour R, plus le taux t admis dans une localité est grand, moins la valeur du <u>sol</u> et de la rente est grande, et inversement. –

1° Sol. – On a en effet $C = \frac{R}{1,0t^n - 1}$. Si t augmente, le dénominateur augmente aussi et la fraction diminue. – On peut du reste le constater sur des exemples[1] On peut donc s'apercevoir si l'on a pris un taux trop haut ou trop bas, en comparant la valeur calculée du sol avec celle qui s'établit directement d'après les transactions opérées sur des sols similaires. –

2° Rente. – On a $r = \frac{R}{1,0t^n - 1} \times 0,0t = \frac{R}{\frac{1,0t^n - 1}{0,0t}} = \frac{R}{\frac{1,0t^n - 1}{1,0t - 1}}$

Cette dernière expression devient si l'on effectue la division indiquée au dénominateur

$$\frac{R}{1,0t^{n-1} + 1,0t^{n-2} \ldots\ldots\ldots\ldots + 1,0t^2 + 1,0t}$$

qui augmente lorsque t diminue et décroît lorsque t augmente, c.q.f.d.[2]

---

(1) Voir Broilliard. Cours d'aménagement, pp. 105 et 106 ad notam.

(2) Cette démonstration est de M. Violette, élève à l'école Forestière. – On démontre la même chose moins simplement en développant $(1 + 0,0t)^n$ d'après le binôme de Newton. –

§ 193. – On constate également sur des exemples numériques [1] et on peut d'ailleurs démontrer, que, plus t est grand, plus le terme de l'exploitabilité est rapproché, et inversement.

Soit l'expression $C = \frac{R}{1,0t^{n} - 1}$ qui est maximum pour certaines valeurs de R et de n, t étant constant. Si je remplace t par une quantité $T > t$ je peux toujours poser

$$1,0t^{n} - 1 = 1,0T^{n-\varepsilon} - 1$$

J'aurai donc $C = \frac{R}{1,0t^{n} - 1} = \frac{R}{1,0t^{n-\varepsilon} - 1}$ c. q. f. d.

§ 194. – Il résulte de l'exposé de la théorie de la rente foncière que, à pa[rtir] d'un certain moment, la valeur de C (ou de r) baisse, bien que l'âge du pe[u]plement continue à s'élever. – On s'est demandé pourquoi il en est ain[si] et l'on n'a pas toujours donné de réponse satisfaisante, faute de spécifier si l'on considérait une forêt normale ou un seul peuplement. – Voici, cro[yons-]nous, la seule explication, ou, plutôt, le seul commentaire à donner d[e] ce phénomène.

Considérons un peuplement d'un seul âge. Sa valeur R croît suivan[t] une loi complexe et incertaine résultant elle-même de la combinaison de la loi naturelle qui régit l'accroissement des bois en volume ave[c la] loi économique en vertu de laquelle les prix spécifiques augmentent avec les dimensions. –

Cela étant, on <u>convient</u> de regarder R comme le revenu périodique d'un capital placé à intérêts composés, c'est-à-dire qu'on pose :

$$C = \frac{R}{1,0t^{n} - 1}$$

expression dans laquelle t est une constante, R et n sont des variab[les] indépendantes et C est une variable dépendante à calculer en fonction [des] premières.

---

(1) Voir Broilliard Ibidem.

Or cette convention, quoique rationnelle (§ 186) est en somme arbitraire. On constate donc, sans qu'il y ait rien à démontrer à ce sujet, qu'en fait, R croît plus vite, au début que ne le comporte la loi des intérêts composés, et que par conséquent, C va d'abord en croissant ; que plus tard, au contraire, la loi complexe en vertu de laquelle grandit R est plus lente que celle qui régit le fonctionnement d'un capital placé à intérêts composés, à un taux donné, et que, par conséquent, C diminue — d'où un maximum. —

§ 196. — Les variations de C sont susceptibles d'être représentées graphiquement. Voici, par exemple, le procédé imaginé par M. Violette :

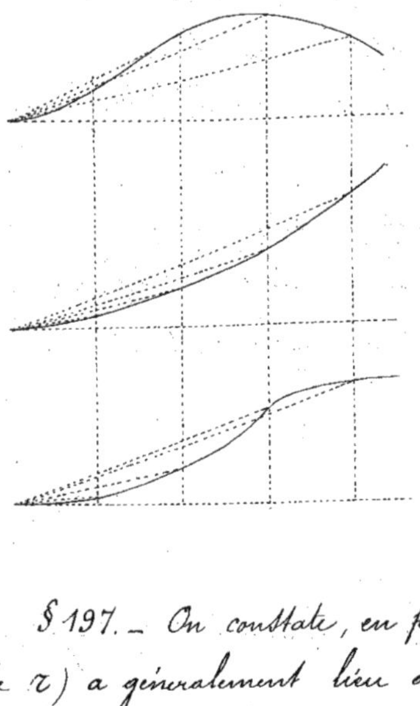

Abscisse $x_n = (1,0t)^n - 1$

Ordonnée $y_n = R_n$

$$\frac{y_n}{x_n} = \frac{R_n}{1,0t^n - 1} = tg\,\alpha_n$$

On n'a donc qu'à chercher le maximum de $tg\,\alpha_n$

Ce maximum est atteint lorsque

$$\frac{R_{n''}}{R_{n'}} = \frac{\overline{1,0t}^{n''} - 1}{\overline{1,0t}^{n'} - 1}$$

c'est-à-dire lorsque

$$tg\,\alpha'' = tg\,\alpha'$$

après avoir été plus grande — Cela a lieu quand R cesse de croître d'une façon suffisamment soutenue.

§ 197. — On constate, en fait, que le maximum de C (et par conséquent de τ) a généralement lieu de bonne heure, plutôt dans les environs de 50 ans, que dans ceux de 100 ans. Ces résultats varient naturellement avec les essences, la région, le mode de traitement, bref, le nombre et la nature des données qu'on introduit dans la formule.

§ 198. – Pour trouver la rente foncière et la valeur du sol de toute une forêt, il faut opérer à l'égard de chacun de ses peuplements comme nous venons de l'indiquer et totaliser les résultats. Quand certains peuplements ne diffèrent que par l'âge, ils donnent lieu à des simplifications. Si la forêt est voisine de l'état normal, il suffit de multiplier par sa contenance les valeurs de C et de r obtenues pour l'unité de surface. –

Formule allemande. –

§ 199. – Nous avons supposé jusqu'à présent que les produits intermédiaires et les frais soldés en argent étaient nuls. – Il n'en est pas ainsi dans la pratique. – Il faut donc tenir compte de ces facteurs. C'est ce que font les allemands. Si l'on reporte à leurs ouvrages (notamment ceux de MM. Pressler Faustmann) on voit que la rente foncière r fournie à l'unité de surface par un peuplement quelconque y est donnée par une expression de la forme

$$r = \frac{R_n + E_a \times 1,0t^{n-a} + E_b \times 1,0t^{n-b} + \ldots\ldots\ldots - p \times 1,0t^{n}}{\frac{1,0t^{n} - 1}{0,0t}} - (g+i)$$

dans laquelle les lettres ont la signification que voici:

R_n représente les produits exploitables ou de la coupe finale, à l'âge n

E_a, E_b etc. les produits des éclaircies aux âges a, b, etc. –

p les frais de repeuplement

g les frais de gestion annuels

i les impôts annuels. –

t le taux de placement adopté. –

n le terme de l'exploitation (ou la révolution) s'il s'agit d'une forêt normale. –

§ 200. – Cette formule, d'apparence compliquée, se justifie facilement. Nous avons vu, en effet, (§ 186) qu'on peut poser

$$C = \frac{R_n}{1,0t^{n} - 1} \qquad (1)$$

Mais nous avons fait abstraction des produits intermédiaires du peuplement. Supposons qu'ils s'élèvent à E_a à l'âge $a < n$. En posant l'équation (1) nous nous sommes placés à l'âge n. Il faut donc calculer la valeur qu'auront ces produits à l'âge n. Comme rien n'empêche d'admettre que la somme E_a, dès qu'on l'a touchée, fonctionne dans un placement de même nature que l'exploitation forestière considérée, elle sera devenue, au bout du temps $n-a$, $E_a \times \overline{1{,}0t}^{\,n-a}$. Nous aurons de même, au bout du temps $n-b$, $E_b \times \overline{1{,}0t}^{\,n-b}$, etc. D'où l'expression :

$$C = \frac{R_n + E_a \times \overline{1{,}0t}^{\,n-a} + E_b \times \overline{1{,}0t}^{\,n-b} + \ldots}{\overline{1{,}0t}^{\,n} - 1} \qquad (2)$$

Voilà, pour le sol, une valeur qui ne sera nette que si les frais, notamment les frais de création du peuplement sont nuls. Supposons que cette création, opérée par la voie artificielle, ait nécessité, il y a n années, une dépense p. Par un raisonnement analogue au précédent, nous établi- que la dépense s'élève aujourd'hui à $p \times \overline{1{,}0t}^{\,n}$. Il vient donc, pour la valeur du sol,

$$C = \frac{R_n + E_a \times \overline{1{,}0t}^{\,n-a} + E_b \times \overline{1{,}0t}^{\,n-b} + \ldots\ldots - p \times \overline{1{,}0t}^{\,n}}{\overline{1{,}0t}^{\,n} - 1} \qquad (3)$$

En vertu de la formule des intérêts simples, le revenu annuel r' de cette valeur sera

$$r' = \frac{R_n + E_a \times \overline{1{,}0t}^{\,n-a} + E_b \times \overline{1{,}0t}^{\,n-b} + \ldots\ldots\ldots - p \times \overline{1{,}0t}^{\,n}}{\dfrac{\overline{1{,}0t}^{\,n} - 1}{0{,}0t}}$$

Mais r' ne méritera la qualification de rente du sol que si c'est un revenu complètement dégrevé des frais d'impôt et de gestion. Si ces frais ne sont pas nuls, r' ne sera que ce qu'on a appelé la <u>rente brute</u> (<u>Bruttorente</u>). Pour avoir la rente véritable, il faudra rechercher de r' la dépense annuelle $g+i$. Nous aurons donc en définitive

$$r = \frac{R_n + E_a \times \overline{1{,}0t}^{\,n-a} + E_b \times \overline{1{,}0t}^{\,n-b} + \ldots\ldots - p \times \overline{1{,}0t}^{\,n}}{\dfrac{\overline{1{,}0t}^{\,n} - 1}{0{,}0t}} - (g+i)$$

c.q.f.d.

§ 201. — En faisant varier n dans l'expression ci-dessus, et en attribuant aux autres lettres les valeurs qui leur conviennent en vertu d'expériences div[erses] ou qui ont été relevées dans des tables ad hoc (Finanzielle Tafeln)[1], on obti[ent] pour r différentes valeurs. Le terme de l'exploitabilité commerciale sera le nomb[re] d'années pour lequel r sera maximum. –

Exemples.[2] § 202. – Si l'on applique cette formule au peuplement que n[ous] avons déjà considéré à propos de la rente forestière, et si l'on choisit [le] taux de 3 p %, on trouve, que dans le cas où l'on exploite à 60 ans, la rente foncière est :

$$\frac{800 + 5 \times 1.03^{60-20} + 20 \times 1.03^{60-40} - 30 \times 1.03^{60}}{\frac{1.03^{60} - 1}{0.03}} - 3 = 1^{f}.1439$$

Dans l'hypothèse de l'exploitation à 80 ans, la rente foncière est

$$\frac{1260 + 5 \times 1.03^{80-20} + 20 \times 1.03^{80-40} + 25 \times 1.03^{80-60} - 30 \times 1.03^{80}}{\frac{1.03^{80} - 1}{0.03}} - 3 = 0^{f}.3626.$$

On voit donc que, contrairement à ce qui se passait quand on envisag[eait] le revenu net annuel moyen, l'exploitation à 60 ans est plus avantageuse [que] l'exploitation à 80 ans, au point de vue de la rente foncière, c'est-à-[dire] au point de vue purement mathématique.

§ 203. – Si, au lieu de considérer un seul peuplement, on considère u[ne] forêt normale de 60 hectares, on obtient, dans l'hypothèse de la révolution [de] 60 ans, une rente foncière de $1^{f}.1439 \times 60 = 68^{f}.634$, et dans l'hypothèse de la révolution de 80 ans, une rente foncière de $0^{f}.3626 \times 60 = 21^{f}.7[..]$

§ 204. – La valeur à l'hectare trouvée pour le sol, dans l'hypothèse [de] l'exploitation à 60 ans est

---

1) Voir une pareille table dans l'ouvrage de M. Judeich (4e édition – page 64). –

2) Ces exemples sont tirés de l'ouvrage de M. Judeich. –

$$C_{60} = \frac{1^f.1439}{0.03} = 38^f.13$$

et dans l'hypothèse de l'exploitation à 80 ans

$$C_{80} = \frac{0.3626}{0.03} = 12^f.09$$

Ces valeurs du sol obtenues en fonction des revenus correspondant à des termes d'exploitation donnés sont appelées par les Allemands, valeurs forestières ou valeurs d'attente du sol (forstwirthschoftliche Bodenwerthe ou Bodenerwartungswerthe). Elles peuvent naturellement différer de la valeur d'achat effective.—

§ 205. — Nous avons dit que pour une forêt déterminée, la différence entre la rente de la forêt et la rente foncière était égale aux intérêts du capital ligneux. Calculons la valeur de ce capital et de ses intérêts dans les deux hypothèses.—

Dans le cas d'une révolution de 60 ans, on a pour la forêt normale de 60 hectares :

Rente de la forêt :	$60 \times 10^f.25$	=	$615^f.00$
Rente du sol :	$60 \times 1^f.1439$	=	68.634
Intérêts du capital ligneux		=	546.366

Capital ligneux : $\frac{546.366}{0.03} = 18212^f$ [1]

Dans le cas d'une révolution de 80 ans, on a, pour la même forêt de 60 hectares :

Rente de la forêt	$60 \times 13^f = 80 \times (13^f \times 0.75)$	=	780^f ,
Rente du sol	$60 \times 0^f.3626 = 80 \times (0^f.3626 \times 0.75)$	=	21.756
Intérêts du capital ligneux			758.244

Capital ligneux : $\frac{758,244}{0.03} = 25\,275^f$ [1]

Ainsi, dans l'hypothèse d'une révolution de 60 ans, la forêt renferme un

---

[1] Ces valeurs du capital ligneux sont égales à celles que l'on obtiendrait en calculant respectivement en fonction du peuplement exploitable de 60 ou de 80 ans, les valeurs de tous les peuplements de la forêt et en totalisant les résultats.—

capital ligneux inférieur de 25.275^f – 18.212^f = 7063^f, à celui qu'elle renferme dans l'hypothèse d'une révolution de 80 ans. L'exploitation est d[...] moins intensive dans le premier cas que dans le second; mais nous avon[s] constaté que, par contre, elle doit être jugée moins rationnelle, si l'on [se] place sur le terrain financier et qu'on fait abstraction des avantage[s] de l'épargne.

Remarques diverses sur la formule allemande. – § 206. – Il résult[e de] ce qui précède que la conception de la rente foncière est irréprochable a[u] point de vue mathématique, tandis que la rente forestière est entaché[e] d'une erreur. Cette erreur est surtout visible quand on a affaire à un seul peuplement mais elle existe également, quoique moins apparente dans le cas d'une forêt[1]. C'est pourquoi, pour toute une école de forestiers et d'économistes allemands, la rente foncière est la rente par excellence (Reinertrag), la seule qu'il faille chercher à rendre maximum.

§ 207. – Les frais de gestion et d'impôt (g+i) sont généralement constants et indépendants de n. Par conséquent le maximum de [r] a généralement lieu en même temps que celui de r' = r + (g+i). De là vient qu'on peut se contenter d'ordinaire de calculer la rente b[rute] pour trouver le terme de l'exploitabilité commerciale.

En fait, ces frais (g+i) n'ont jamais été évalués très haut en Fr[ance]. M. de Lavergne les évaluait en moyenne à 10^f (par hectare et par an). Ils se réduisent même souvent à 7, 6 et même 5 frs. –

§ 208 – Quand les frais de création p sont nuls, comme c'est le [cas] lorsqu'on régénère naturellement les peuplements, l'expression de la [rente] brute r' devient

1) Voir § 181

$$V = \frac{R_n + E_a \times 1{,}0t^{n-a} + E_b \times 1{,}0t^{n-b} + \ldots\ldots}{\frac{1{,}0t^{n} - 1}{0{,}0t}}$$

et celle du capital-sol devient

$$C = \frac{R_n + E_a \times 1{,}0t^{n-a} + E_b \times 1{,}0t^{n-b} + \ldots\ldots}{1{,}0t^{n} - 1}$$

Les deux expressions ne différant alors que d'un facteur constant, on peut, pour trouver le maximum de la rente, se contenter d'étudier les variations de C.

Cette dernière expression se simplifie encore davantage quand les produits des coupes d'amélioration sont nuls, comme dans le cas des taillis. On a alors

$$C = \frac{R_n}{1{,}0t^{n} - 1}$$

et l'on retombe sur l'expression simplifiée du § 186.–

§ 209.– Soit en raison des facteurs qu'ils font figurer dans leur formule, soit en raison des exemples qu'ils choisissent dans des forêts de hêtre ou de résineux, les auteurs allemands trouvent souvent que l'exploitabilité commerciale des peuplements se réalise vers 60, 80, quelquefois même vers 100 ans

Difficultés d'application.

– § 210.– La recherche du terme de l'exploitabilité commerciale se réduit en somme à trouver par tâtonnements le maximum d'une expression algébrique où les lettres reçoivent des valeurs convenablement choisies. Cette recherche n'est donc pas difficile en théorie. Les calculs qu'elle nécessite sont d'ailleurs facilités par l'emploi des tables de Cotta qui donnent les valeurs numériques des facteurs $1{,}0t^{n}$, $\frac{1}{1{,}0t^{n} - 1}$ etc.

Mais ce qui est délicat, c'est l'application pratique du procédé; c'est précisément le choix des valeurs à attribuer à R_n, E_a, E_b, t etc[1]

1) En ce qui concerne R_n, par ex. on ne rencontre pas toujours, dans la région où l'on opère, des peuplements de différents âges comparables à ceux dont on veut déterminer l'exploitabilité, et, en admettant qu'ils existent, on ne les discerne pas toujours aisément. On éprouve des difficultés analogues au sujet des valeurs de E_a, E_b etc.–

Quant au taux t, il n'est pas facile à connaître non plus. Pour les terres arables, les maisons, etc., il se déduit des transactions journalières relatives à ces sortes d'immeubles, mais les forêts ne se vendent pas aussi souvent que les champs et les habitations et elles fournissent rarement des revenus constants qu'on puisse mettre en regard de la valeur capitale. Le moyen le plus sûr d'évaluer t est de partir du taux des placements en fermes, d'une façon générale, et de voir si dans la région considérée, les forêts sont plus ou moins recherchées que cette sorte de propriétés.

Ces difficultés d'application n'ont pas échappé aux auteurs Allemands, et M. Juder reconnaît[1] qu'il faudra toujours se contenter, à l'égard du terme de l'exploitabilité commerciale, de résultats approximatifs. Il ajoute, il est vrai, que c'est aussi le cas p les autres exploitabilités.

§ 211. – La solution tirée de la formule ne convient évidemment que tant q le sol considéré conserve la même fertilité, ne se dégrade ni ne s'améliore, et que les prix des bois ne se modifient pas non plus. Or ces derniers sont très variables. Il conviendrait donc, en tout cas, d'effectuer la recherche du terme de l'exploitabilité commerciale à des intervalles répétés, dans les forêts où l'on voudrait appliquer strictement cette conception. –

Système de M. Broilliard. –

§ 212. – M. Broilliard qui définit l'exploitabilité commerciale en disant qu'elle est relative au taux de placement le plus élevé[2], édifie sur cette base une théorie très ingénieuse, que nous allons reproduire en substance sous la forme algébrique. –

Après avoir calculé la valeur C du sol forestier, comme nous l'avons fait ci-dessus, il établit que cette valeur est variable suivant l'âge auquel on coupe le bois, et passe par un maximum. Cela posé il démontre qu'au capital-sol maximum correspond le taux de placement maximum, c'est-à-dire le terme de l'exploitabilité commerciale. –

En effet, soit C' la valeur maxima du sol. Cette valeur est la valeur vraie de ce dernier, car tout propriétaire est libre d'exploiter les bois à l'âge où le sol prend cette valeur. Dès lors, considérons l'une quelconque des équations qui ont fourni les différentes valeurs du sol, par exemple

$$C'' = \frac{R''}{1,0t^{n''} - 1}$$

1) Aménagement. 4e Edition, page 63.

2) Voir cours d'aménagement, pages 41 et 46-47.

3) Voir Ibidem – pages 104-109.

Dans cette équation, substituons au premier membre C'' la valeur C' qui est, par hypothèse, $> C''$. — Pour que l'égalité subsiste, il faut que le second nombre augmente. — Or le numérateur R'' ne peut pas changer: c'est la valeur du peuplement à un âge n'', elle est donnée par expérience. Il faut donc que le dénominateur $1,0t^{n''}-1$ diminue, ce qui ne peut avoir lieu que si t diminue. —

La même opération pouvant être répétée pour toutes les équations autres que celle d'où l'on a tiré le maximum C', on voit que c'est bien en exploitant le peuplement à l'époque où a lieu le maximum de la valeur du sol qu'on fait fonctionner au taux maximum les valeurs engagées dans ce sol et, par conséquent dans l'entreprise forestière considérée. C. q. f. d. —

On voit en même temps que ce taux maximum est le taux normal de capitalisation des revenus forestiers dans la localité. —

§ 213. — M. Broilliard, dans la recherche du terme de l'exploitabilité commerciale, ne s'occupe pas du produit des éclaircies, parce qu'il juge inutile de compliquer le problème par l'introduction de cet élément. D'ailleurs, étant donné le rôle qu'on attribue avec raison, en France, aux forêts domaniales, il n'admet l'application de l'exploitation commerciale que dans les bois des particuliers. Or l'on sait que, dans notre pays, les particuliers jardinent, en général, leurs forêts résineuses et traitent en taillis simple ou sous futaie leurs forêts feuillues. Dès lors la considération des produits des éclaircies était naturellement reléguée au second plan. —

M. Broilliard ne parle pas non plus des frais de création du peuplement, parce qu'en règle générale ceux-ci sont nuls dans les taillis.

Quant aux frais de gestion et d'impôt, nous avons vu (§ 207) qu'on peut les négliger comme constantes et indépendantes du terme d'exploitation.

D'ailleurs la formule simplifiée $C = \frac{R}{1,0t^{n} - 1}$ à laquelle on arrive dans ces conditions est l'objet, de la part de M. Broilliard, de plus remarques intéressantes dont nous nous sommes inspiré plus haut dans l'exposé de la théorie basée sur la rente foncière. —

En fait, dans les exemples choisis par M. Broilliard, parmi les taillis du Nord et de l'Est de la France, le terme de l'exploitabilité commerciale tombe entre 30 et 40 ans.

§. 214. — Cette théorie de l'exploitabilité commerciale basée sur le taux de placement, quelque ingénieuse qu'elle soit, nous semble moins simple et plus sujette à la critique que celle qui repose sur la conception de la rente foncière. En effet, elle conduit à prendre successivement comme inconnues, dans un même système d'équations, deux quantités C et t, et à désigner par la même lettre t, d'abord un taux de capitalisation supposé constant pour toutes les forêts d'une même région puis un taux de fonctionnement spécial à chaque forêt et variable suivant l'âge auquel on y coupe le bois.

Du reste, en considérant ce taux de fonctionnement variable, on a recours implicitement à la conception de la rente foncière, attendu que le dit taux, ou revenu annuel de 1f, n'est autre chose que la rente d'un sol qui aurait pour valeur l'unité. —

§. 215. — On voit par ce qui précède que, dans le système du taux de fonctionnement variable, le maximum de ce taux a lieu à la même époque que le maximum du capital-sol dans l'hypothèse du taux de placement fixe. D'autre part on se rappelle que, dans ce dernier système, le maximum du capital sol coïncide avec le maximum de la rente foncière. Il y a donc concordance entre l'époque du maximum de la rente et l'époque du maximum du taux de placement.

C'est sans doute cette concordance qui est cause qu'on a souvent confondu la rente avec le taux.

§. 216.– Si, dans le système du taux de fonctionnement variable, on voulait envisager, non pas un seul peuplement, mais toute une forêt, on poserait que le taux est égal au rapport $\frac{R}{C+S}$ qui existe entre la rente forestière de la forêt d'une part et, d'autre part, le capital engagé, fonds et superficie.–

En adoptant pour le fonds une valeur constante, par ex. la valeur d'achat, en faisant différentes hypothèses sur la durée de la révolution adoptée, et en donnant enfin à R et à S des valeurs correspondantes, on constaterait que l'expression $\frac{R}{C+S}$ passe dans le courant du 1er siècle par un maximum absolument comme l'expression $\frac{R}{1,0t^{n}-1}$ dans le cas d'un peuplement.

Seulement, dans la détermination de S, on serait embarrassé pour estimer les jeunes peuplements qui ne sont pas encore commerçables: On serait obligé, soit de leur assigner des valeurs arbitraires ou nulles soit de considérer les bois de 1, 2, 3 ans etc... comme les annuités d'un certain capital placé à intérêts composés et engendrant, par ex., tous les 15 ans, des bois commerçables. Mais la 1re hypothèse est inadmissible et la seconde nous ramène à la conception de la rente foncière. C'est donc bien cette conception qui éclaire le mieux les questions relatives au fonctionnement des valeurs engagées dans une forêt.

2e Hypothèse.– Cas d'un arbre.–

§ 217 – L'exploitabilité commerciale d'un arbre a été envisagée de diverses façons. La manière qui nous paraît la plus logique consiste à procéder pour les arbres comme pour les peuplements, c'est à dire à remonter de la valeur de l'arbre à celle du sol, et à rechercher dans quelle circonstance la rente du sol est maximum, étant donné le taux des placements forestiers dans la localité. —[1]

Il y a deux catégories principales de forêts où l'on puisse avoir à chercher le terme de l'exploitabilité commerciale d'un arbre, les taillis sous-futaie et les forêts jardinées. Il convient d'examiner séparément le cas où l'on a affaire à un baliveau réservé sur taillis et celui où il s'agit d'un arbre destiné à être enlevé dans une coupe de jardinage. —

Cas d'un arbre de réserve dans un taillis composé. — § 211.

On commence par déterminer le couvert et la valeur du baliveau-type de chaque catégorie. Supposons qu'il s'agisse de sujets d'essence chêne, que la révolution soit de 25 ans, et que l'on ait reconnu devoir adopter, pour chaque catégorie, les nombres suivants qui répondent aux faits constatés dans beaucoup de forêts du Nord et de l'Est de la France :

Le baliveau de l'âge (25 ans)	couvre 4^{m^2}	et vaut	1^f „
——— moderne (50 ans)	——— 10	———	5 „
——— ancien (75 ans)	——— 20	———	20 „
——— bisancien (100 ans)	——— 40	———	60 „
——— trisancien (125 ans)	——— 60	———	120 „
——— vieille écorce (150 ans)	——— 80	———	200 „

On détermine enfin le taux admis dans la localité, pour les placements forestiers, par ex. de 3 p %, et les frais annuels (g+i) qui, diminués des menus produits (chasse, pâturage etc.) sont, par ex. de 5^f par hectare.

Cela posé, on cherche d'abord quelle est la rente que donne le sol lorsqu'il est affecté à la production de baliveaux de l'âge. Le baliveau de 25 ans occupant

(1) Le seul auteur qui, à notre connaissance, ait traité la question de cette manière est Vaulot. (Voir : Petit Manuel forestier, IIIe partie. Estimation des forêts en fonds et superficie. D... Imp. Combe-Rouzet 1882.)

4^m^9, il en tiendrait sur un hectare 2500 valant 2.500^f. Cette somme représente un revenu périodique à toucher tous les 25 ans et auquel correspondent :

un capital-sol brut $C' = \frac{2.500}{\overline{1.03}^{25} - 1} = \underline{2285^f,65}$

un capital-sol net $C = 2285^f.65 - \frac{5..}{0.03} = 2118,98$

une rente brute $r' = 2285.65 \times 0.03 = 68^f.57$

une rente $r = 68.57 - 5^f, = 63.57$

Puis, on cherche la valeur de la rente quand le sol est affecté à la production de baliveaux modernes. Au bout de 50 ans, 1000 modernes valant 5000^f. suffiront pour couvrir l'hectare ; de sorte qu'on aura pu exploiter, 25 ans plus tôt, 1500 baliveaux de l'age valant 1500^f. — Dans ces conditions, on obtient

un capital-sol brut $C'' = \frac{5000 + 1500 \times \overline{1.03}^{25}}{\overline{1.03}^{50} - 1} = 2406.17$

D'ailleurs, en se rappelant ce qui a été dit au § 208, on peut se dispenser de calculer la valeur de la rente. —

On verra de même que, dans le cas où l'on produit des anciens, des bisanciens, des trisanciens etc, on obtient

un capital-sol brut $C''' = \frac{500 \times 20 + 500 \times 5 \times \overline{1.03}^{25} + 1500 \times 1 \times \overline{1.03}^{50}}{\overline{1.03}^{75} - 1} = \underline{2667,40}$

——— d^o. ——— $C^{IV} = \frac{250 \times 60 + 250 \times 20 \times \overline{1.03}^{25} + 500 \times 5 \times \overline{1.03}^{50} + 1500 \times 1 \times \overline{1.03}^{75}}{\overline{1.03}^{100} - 1} = \underline{\underline{2755.32}}$

——— d^o. ——— $C^{V} = \frac{167 \times 120 + 83 \times 60 \times \overline{1.03}^{25} + 250 \times 20 \times \overline{1.03}^{50} + 500 \times 5 \times \overline{1.03}^{75} + 1500 \times 1 \times \overline{1.03}^{100}}{\overline{1.03}^{125} - 1} = \underline{2656.13}$

De toutes les valeurs calculées pour le sol, celle qui correspond à l'éducation de bisanciens de 4 révolutions est la plus grande, c'est donc 100 ans qui est le terme de l'exploitabilité commerciale des baliveaux du taillis considéré. —

§ 219. — On constate sur l'exemple ci-dessus que le sol affecté à l'éducation d'arbres de réserve prend des valeurs nettes supérieures à 2000^f. — En recherchant par la méthode ordinaire (§§ 185 et suivants) les valeurs que prendrait le même sol s'il était consacré à la production du sous-bois surmonté par ces arbres de réserve, on verrait sans doute qu'il faudrait lui attribuer une valeur inférieure, n'atteignant peut-être pas 1000^f. —

Une observation pareille se ferait naturellement aussi par la rente foncière. Ces faits, dont il y a lieu de tenir compte dans l'estimation des taillis sous-futaie en fonds et superficie, s'expliquent par la végétation plus a[illegible] des sujets d'élite choisis comme baliveaux et par la meilleure qualité de bois. Ils prouvent qu'un propriétaire a, en général, intérêt, même au point de vue de la rente foncière, à traiter sa forêt en taillis sous-fu[illegible] plutôt qu'en taillis simple, et à multiplier le plus possible les arbres des réserves des essences précieuses.—

Quant à l'écart que notre exemple fait ressortir entre les valeurs trouv[illegible] pour le terme de l'exploitabilité commerciale, suivant qu'il s'agit d'un arbre crû sur taillis ou du taillis lui même (100 ans, au lieu de 30 ou[illegible] il s'explique sans doute par cette circonstance qu'un groupe de tiges quelconqu[illegible] poussant pêle-mêle végète en général d'une façon moins avantageuse [illegible] sujet d'élite qui peut développer librement sa cîme en plein soleil. [1]

§. 220.— Les difficultés d'application sont à peu près les mêmes q[illegible] dans le cas d'un peuplement.

D'abord il est difficile de trouver la valeur de l'arbre-type par essen[illegible] et par catégorie.— Ensuite il n'est pas aisé non plus de déterminer la surface du couvert de chaque baliveau-type. En 3e lieu, le choix du tau[illegible] de placement est également chose délicate.—

On voit, du reste, par l'exemple que nous avons choisi, combien les résultats obtenus sont incertains. En effet, dans le voisinage du ma[illegible] les valeurs du sol diffèrent de moins de 100f alors que les âges corresp[illegible] dants augmentent de 25 en 25 ans. Or, il n'est pas nécessaire de mo[illegible] beaucoup le couvert ou le prix de chaque baliveau-type, pour produ[illegible] des écarts de plus de 100f sur les valeurs du capital générateur et p[illegible]

---

1) Voir § 213.

déplacer par conséquent le maximum. Cela prouve qu'il faut appliquer avec discernement les résultats du calcul. —

Il est enfin évident qu'ici, comme dans le cas des peuplements, la recherche doit être faite à nouveau toutes les fois que les prix des bois se sont modifiés d'une façon sensible et durable. —

Cas d'un arbre dans une forêt jardinée. — § 221. — Si l'on voulait procéder à l'égard des arbres d'une forêt jardinée d'une manière analogue à celle qui vient d'être exposée pour les baliveaux d'un taillis sous futaie, il faudrait diviser ces arbres en classes d'âges. La 1re classe comprendrait, par ex. les bois de 1 à 20 ans; — la 2de ceux de 21 à 40 etc. On déterminerait ensuite le couvert et la valeur de l'arbre-type de chaque classe, comme pour les arbres crûs sur taillis. Enfin on procéderait de même à l'estimation du sol. Le nombre d'années correspondant à la valeur maximum du fonds serait le terme cherché. Dans la pratique on arriverait sans doute pour les sapins, un nombre voisin de 100 ans.

Mais il est, en général, très difficile, sinon impossible, de classer suivant leur âge des arbres qui croissent d'une façon aussi irrégulière que ceux des forêts jardinées. — Aussi sera-t-on obligé, la plupart du temps, d'adopter purement et simplement pour ces arbres le terme d'exploitabilité trouvé pour les peuplements d'un seul âge de la même essence situés dans la région, sauf à majorer ou à réduire ce terme en raison des circonstances locales. Ce procédé, tout imparfait qu'il soit, donne sans doute dans la pratique, d'aussi bons résultats que le procédé d'apparence plus précis qui a été décrit en premier lieu. —

Système de M. Broilliard. — Cas d'un arbre de réserve dans un taillis sous-futaie.

— § 222. — M. Broilliard paraît s'être inspiré, en ce qui concerne ces arbres, de quelques unes des considérations renfermées dans le Cours de culture de

Lorentz et Mrs Parode à l'égard des peuplements.[1] De là un système dont voici les traits essentiels.[2]

Soit un baliveau qui, à un âge quelconque a, possède une valeur R_a, et qui, b années plus tard, à un âge $a+b$, prend une valeur R_{a+b}. En laissant l'arbre sur pied pendant le temps b, au lieu de l'abattre à l'âge a, on gagne la différence $R_{a+b} - R_a$, mais on perd: 1° les intérêts composés de la somme R_a qu'on aurait pu faire fonctionner au taux admis dans la localité pour les capitaux forestiers; 2° la valeur du bois qui aurait pu croître sur l'emplacement de l'arbre exploité. — Donc, pour qu'on ait intérêt à laisser l'arbre sur pied, il faut que l'on ait

$$R_{a+b} - R_a > R_a\,(1,\overline{0t}^{\,b} - 1) + D$$

Tant que cette inégalité aura lieu, l'exploitabilité commerciale ne sera pas atteinte; elle sera dépassée lorsque l'inégalité se produira en sens contraire; elle se réalisera quand les deux membres seront égaux.

§ 223. — Si l'on néglige D (ce que l'on peut faire sans grande erreur dans le cas du chêne, surtout s'il s'agit d'un arbre peu âgé), et si l'on simplifie l'inégalité ci-dessus, elle devient

$$R_{a+b} > R_a \times 1,\overline{0t}^{\,b} \qquad (1)$$

Supposons que, parallèlement à cette inégalité, on pose l'égalité

$$R_{a+b} = R_a \times 1,\overline{0x}^{\,b} \qquad (2)$$

dans laquelle on prend comme inconnue une sorte de taux spécial auquel fonctionne l'arbre pendant le temps b. Tant que l'inégalité (1) subsistera, on trouvera, en résolvant l'équation (2), une valeur de x plus grande que t. Donc, inversement, tant que de l'équation (2) on tirera une valeur de x supérieure à t, l'inégalité subsistera et on aura intérêt à laisser l'arbre sur pied. Telle est la conc-

1) 6e Édition § 410bis

2) Cours d'aménagement, pp. 46-47 et 109-112

sur laquelle repose la formule

$$v(1+y)^{25} = V$$

renfermée dans l'ouvrage de M. Broilliard.[1]

Mais la valeur D du dommage causé au sous-bois, peut, dans certains cas, n'être pas négligeable, surtout quand on considère un arbre adulte à couvert épais. C'est sans doute un des motifs pour lesquels M. Broilliard recommande d'appliquer cette formule « avec les corrections ou les précautions nécessaires »

§ 224. — Après avoir éclairé son système d'un exemple,[2] M. Broilliard insiste sur les difficultés qu'on rencontre dans la détermination des valeurs de l'arbre-type de chaque catégorie et du dommage causé au sous-bois. — En ce qui concerne ce dernier, il recommande de choisir, dans une coupe de taillis-sous-futaie, un bouquet aussi grand que possible de sujets de la même catégorie groupés ensemble et de comparer la valeur que possède le taillis sous ce bouquet avec la valeur qu'il présente sur une égale surface où il est tout-à-fait à découvert. En divisant la différence de valeur par le nombre des arbres du bouquet on obtient avec le minimum d'erreur la perte cherchée.

§ 225. — M. Broilliard attire aussi l'attention sur le discernement dont il faut faire preuve dans l'application des résultats trouvés. Si le calcul a indiqué l'ancien de 4 âges comme exploitable commercialement, il ne faudra pas conserver, pour cela, un arbre de 3 âges malvenant, ni inversement sacrifier une vieille écorce exceptionnellement vigoureuse. Les données du calcul

---

1) Ce <u>taux de fonctionnement</u>, qui n'a aucun rapport avec le taux de placement, est l'analogue de ce que les allemands appellent <u>taux-indicateur</u> (<u>Weiser-prozent</u>)

2) Voir cet exemple à la page 110 du cours d'aménagement. — Dans l'exemple que nous avons pris plus haut (§ 218) pour expliquer le procédé basé sur la rente du sol, nous avons adopté les mêmes valeurs que M. Broilliard pour le baliveau de 25, 50, 75 ans etc. On constatera que nous trouvons le même terme d'exploitabilité. —

ne conviennent en effet qu'aux sujets qui végètent dans des conditions moyennes.

D'ailleurs, ajoute M. Broilliard, en conservant dans chaque coupe quelques gros arbres au delà du terme déterminé pour la généralité des autres, on réalise sur l'ensemble, même au point de vue du taux de placement [1], un bénéfice que le calcul n'indique pas, mais qui n'en existe pas moins et qui est dû à ce que la présence de quelques beaux arbres dans une vente donne une plus-value à l'ensemble.

§ 226. – Le système de M. Broilliard permet de se rendre compte facilement de l'intérêt qu'on a à élever un baliveau sur taillis, et, à ce titre, il doit être conservé parallèlement à celui qui est basé sur la rente du sol. Mais il est moins analytique que ce dernier, parcequ'il consiste à considérer l'arbre lui-même comme un capital productif de revenus, alors que, dans le cas de l'arbre aussi bien que dans le cas du peuplement, c'est le sol qui est, en réalité, le capital générateur de tous les revenus forestiers. – Dans ces conditions l'emploi du procédé de M. Broilliard oblige, lors de l'estimation des taillis sous-futaie en fonds et superficie, à avoir recours à des moyens détournés pour arriver à la valeur du fonds. Le système basé sur la rente du sol donne au contraire immédiatement cette valeur par une méthode commune aux arbres isolés et aux peuplements. –

Cas d'un arbre croissant dans une forêt jardinée. – § 227. – M. Broilliard, partant de ce principe que, dans les pépinières jardinées, on ne peut connaître avec aucune précision l'âge correspondant à la grosseur des tiges, renonce à calculer le terme de l'exploitabilité commerciale des arbres crûs dans de pareilles conditions et se contente de chercher le diamètre à partir duquel les sujets cessent de fonctionner à un taux

---

1) Nous pourrions dire de la rente du sol.

avantageux.[1]

Il étudie la végétation des sapins dans la forêt considérée, en observant que ceux qui sont assez gros pour ne plus risquer d'être complètement dominés et pour prendre des accroissements réguliers. On peut admettre qu'à partir de $0^m.20$ de diamètre ce desideratum est réalisé en général. –

Soit par ex. D le diamètre d'un de ces sapins supposons qu'il prenne un accroissement annuel a sur le rayon. Au bout de n années, il aura un diamètre $D+2na$. Soient R et R' les valeurs correspondant à ces deux dimensions, et le taux de placement. Tant que le bénéfice $R'-R$ que l'on fera en maintenant l'arbre sur pied pendant le temps n sera supérieur à la perte $R(1,0t^n-1)$ que l'on subira en abattant l'arbre au début de cette période, le sujet devra être conservé.[2] – Le diamètre correspondant au nombre d'années pour lequel la perte égale le bénéfice sera le diamètre de l'arbre exploitable.

On pourra se contenter de faire varier le diamètre de $0^m.10$ en $0^m.10$ pour effectuer la comparaison. – Si les tiges choisies comme types ont crû dans les conditions moyennes, les résultats obtenus conviendront à la généralité des arbres de la forêt.

Mais il est bien entendu, dit, en terminant, M. Broilliard, que cette recherche fournit des renseignements encore moins précis que celle dont ont été l'objet les arbres de réserve des taillis sous futaie, à cause de l'irrégularité de la végétation dans les forêts jardinées. –

§ 228. – Le système que nous venons d'exposer à grands traits se recommande par son caractère pratique et il sera avantageusement appliqué dans les forêts jardinées où l'on règle les exploitations par

---

1) Voir cours d'aménagement. pp. 112 - 113. –

2) La perte se réduit à l'élément $R(1,0t^n-1)$, car, dans les sapinières pures ou mélangées de hêtre, le dommage causé aux tiges dominées peut être regardé comme à peu près nul.

pieds d'arbres. Mais il laisse le forestier au dépourvu toutes les fois que la recherche du terme de l'exploitabilité commerciale ne peut être é[illegible] tel est notamment le cas dans l'estimation en fonds et superficie. Les procédés indiqués au § 221 nous semblent devoir alors s'imposer [illegible] naturellement. –

Conclusion.

Genre d'exploitabilité convenant, en France, à chaque catégorie de Propriétaires forestiers.

§. 229. – Il y a, en France, trois grandes catégories de propriétaires fore[illegible] 1° les particuliers; – 2° l'État; 3° les Communes et les établissements publ[illegible] Elles possèdent respectivement 6.000.000, 1.000.000 et 2.000.000 d'hectares de bois, [illegible] nombres ronds[1]

Nous nous proposons maintenant d'examiner si, en raison de leurs caractères économiques, elles ne doivent point adopter certains genres d'exp[illegible] tabilité de préférence à d'autres. –

§. 230. – Nous laisserons de côté, dans la discussion qui va suivre les forêts où la production ligneuse est reléguée au second plan, pour un [illegible] d'utilité ou d'agrément. De pareilles forêts peuvent d'ailleurs appartenir [illegible] un propriétaire de l'une quelconque des catégories précitées. Il y appli[illegible] suivant les circonstances, soit l'exploitabilité physique, soit l'une des exp[illegible] tabilités extra-forestières relatives aux services rendus par l'état boisé, so[illegible] encore l'une de celles qui ont trait aux produits non-ligneux. –

---

1) L'étendue boisée appartenant aux établissements publics est insignifiante (32059 hect.) par rapport à celle qui est entre les mains des Communes. – Voir la Statistique forestière de la Fr[illegible] Paris. Impie Nationale. 1878. –

§ 231. — Il résulte de là que nous n'aurons à nous prononcer, à l'égard de chaque catégorie de propriétaires, qu'entre les cinq exploitabilités relatives au bois considéré dans sa substance ou dans sa valeur. —

Nous pouvons même éliminer l'exploitabilité absolue, qui ne répond à aucune utilité pratique, et l'exploitabilité technique qui n'a de raison d'être que dans les forêts, en somme assez rares en France, dont les produits sont consommés par les propriétaires eux-mêmes.[1]

Enfin, nous rappelant que l'exploitabilité relative à la plus grande rente forestière se confond sensiblement dans la pratique avec l'exploitabilité économique (voir § 182) nous sommes conduits à la négliger également. —

Nous ne nous trouvons donc plus en présence que de deux exploitabilités : l'économique et la commerciale. —

§ 232. — Cela posé, il est évident qu'aucun propriétaire, à quelque catégorie qu'il appartienne, n'a à couper ses bois avant le terme de l'exploitabilité commerciale. S'il opère ainsi, par ignorance ou par nécessité, il ne fait pas produire à sa forêt la rente foncière qu'elle peut lui procurer (ou, si l'on préfère, il ne la fait pas fonctionner au taux de placement qu'il pourrait atteindre), et, d'un autre côté, il ne reçoit aucune compensation du chef de la rente forestière, car celle-ci est encore très faible. Il agit comme le cultivateur qui, suivant une expression vulgaire « coupe son blé en herbe ».

Mais telle ou telle classe de propriétaire n'a-t-elle pas avantage à dépasser cette limite inférieure et à conserver ses bois sur pied jusqu'au

1) Avant 1870, l'État français possédait en Alsace, le long du Rhin, des taillis simples destinés à fournir la matière première des fascines employées pour l'endiguement du fleuve (Ordce réglt. de 1827, art. 162 à 168). C'étaient donc des forêts où l'on appliquait une variété de l'exploitabilité technique. A l'Étranger, notamment en Autriche-Hongrie, les propriétaires forestiers qui utilisent les bois dans leur industrie sont assez fréquents.

termes de l'exploitabilité économique ?

Pour répondre à cette question, nous allons prendre successivement ch[aque] catégorie de propriétaires et en étudier les caractères distinctifs.

I. Caractères économiques du Particulier et exploitabilité qui lui convient.—

§ 233.— Le particulier producteur de bois veut, en général, retirer de [sa] forêt la rente foncière la plus élevée ou, ce qui revient au même, obtenir le revenu maximum du capital engagé, ou encore immobiliser un cap[ital] minimum pour toucher un revenu donné.

En agissant ainsi, le particulier coupe chaque peuplement dès [qu'il] cesse de constituer un placement rémunérateur, ce qui arrive, on [l'a] vu (§ 197) à un âge en général peu avancé et quand les sujets abatt[us] ne sont aptes qu'à fournir de petits bois d'œuvre (de moins de 0m.[20] de diamètre) ou tout au plus des bois moyens (de 0m.20 à 0m.35 de diamètre). Le particulier évite donc d'accumuler dans sa forêt un matériel ligneux considérable et, s'il devient héritier ou acquéreur [d'un] domaine riche en vieux bois, il réalise tous ceux qui constituent un excédent inutile pour le but qu'il se propose

§ 234.— Cette manière de procéder tend à rendre les gros bois (ceu[x] de 0m.35 de diamètre et au-dessus) de plus en plus rares, et, par suite plus en plus chers, et à infliger à la société des privations toujours croissantes. Mais une pareille conduite est légitime, car le partic[ulier] n'est pas tenu, en tant que propriétaire, de satisfaire l'intérêt gé[néral]. Il a le droit de ne songer qu'à son intérêt propre de producteur. en cette qualité il se préoccupe si peu du bien-être de ses conc[itoyens] qu'il souhaiterait de voir tout le monde obligé de s'adresser uni[quement] à lui pour s'approvisionner, afin de pouvoir vendre ses produits au prix qu'il lui plairait d'imposer.

§ 235. – D'ailleurs, essentiellement spéculateur, ou, pour mieux dire, entreprenant, il est parfaitement apte à trouver un emploi avantageux pour les capitaux qu'il a évité d'accumuler dans sa forêt ou qu'il a eu soin d'en retirer quand le matériel ligneux y est devenu surabondant. Il peut les placer avec succès, soit dans des entreprises industrielles, commerciales ou agricoles, soit même dans des exploitations forestières ajoutées à celles qu'il possédait déjà et dirigées suivant les mêmes principes.

§ 236. – Maintenant, si les particuliers propriétaires de forêts ne violent ni leur intérêt ni leur devoir en appliquant l'exploitabilité relative au maximum de rente forestière, ce serait une erreur de croire qu'ils font mal en dépassant le terme de cette exploitabilité.

En effet, un père de famille qui laisse les bois vieillir dans sa forêt, de manière à se rapprocher de l'exploitabilité économique constitue en faveur de ses enfants ou de ses petits enfants, une épargne aussi précieuse que sûre: or l'on connaît les avantages de l'épargne. –

§ 237. – Au surplus, les personnes imbues de ces sages principes d'épargne et de ces saines notions sur le rôle des forêts dans l'économie privée sont fort peu nombreuses. Partout la grandeur du capital engagé dans les futaies, la faiblesse de la rente foncière qu'elles procurent détournent les individus de traiter leurs bois à longues révolutions. La brièveté de l'existence humaine contribue beaucoup à amener ce résultat.

Ces considérations sont surtout vraies en France où existe pour un père l'obligation, d'ailleurs si justifiée à tant d'autres égards, de partager sa forêt entre tous ses enfants.

Les particuliers assez riches ou assez désireux d'enrichir leurs descendants pour adopter des révolutions supérieures au terme de l'exploitabilité co-ciale forment donc l'exception.

§ 238. — Bien plus, soit par nécessité, soit par ignorance, ils descen souvent au-dessous de ce terme, et alors, non-seulement ils négligent les intérêts de leur famille et de la société entière, mais ils desservent enco les leurs propres.

Aujourd'hui, en raison de la valeur qu'ont prise les bois d'œuvre, le terme de l'exploitabilité commerciale est beaucoup plus reculé qu'on ne le croit généralement. Ainsi les particuliers coupent leurs taillis entre 10 et 20 ans, dans le N.E de la France: Or, d'après les exempl pris dans cette région par M. Broilliard[1], le capital-sol ne devient maximum que vers 30 ou 40 ans. — De même les particuliers laissent rarement une réserve nombreuse au-dessus de leurs taillis, et ils coupent en général, les baliveaux lorsqu'ils sont entrés dans la catégorie des modernes: or, toujours d'après les exemples donnés par M. Broilli le terme de l'exploitabilité commerciale des arbres de réserve est souvent voisin de 100 ans; et, en ce qui concerne le nombre d'arbres à réserv nous avons vu (§ 219) qu'il y a lieu de le rendre aussi grand que possible si l'on veut atteindre le maximum de la rente foncière. — Enfin rappelons-nous (§ 209) qu'en tenant compte de tous les facteurs qui interviennent dans la question, les Allemands trouvent que l'ex-ploitabilité commerciale des peuplements peut ne se réaliser qu'à 6 80, quelquefois même 100 ans, de sorte qu'un particulier a intérêt dans certains cas, au point de vue de la *rente du sol* aussi bien q d'autres égards, à traiter ses bois en futaie.

1) Cours d'aménagement p. 105 et 106 ad notam. — Trait^t des Bois en France p. 70 à 75

2) Cours d'aménagement p. 109-112. Traitement des bois p. 131 à 134. —

§. 239. – On a dit que les particuliers devaient avancer ou retarder les coupes de leurs forêts suivant que les bois se vendent cher ou à bon marché. Cette assertion prise à la lettre pourrait faire croire que les particuliers doivent toucher leurs revenus forestiers à des époques variables et indéterminées, ne pas se soucier du rapport soutenu et, par conséquent se passer d'aménagements.

On commettrait une erreur en tirant une conclusion aussi rigoureuse. Un particulier a avantage à soumettre sa forêt à des coupes réglées, même au risque de ne pas profiter de toutes les hausses qui surviennent dans les prix, parcequ'il a intérêt à mettre de l'ordre dans ses exploitations et à éviter des soubresauts dans leur rendement. Cela est surtout vrai s'il possède une grande étendue de terrain boisé et si celle-ci constitue une portion notable de sa fortune.

A l'énonciation qui précède il faut donc joindre une restriction, qui est celle-ci : Dans des laps de temps fixés à l'avance (tous les 5 ans par ex. pour les taillis, tous les 10 ans pour les forêts traitées en futaie), le particulier devra couper la même quantité de bois, soit en appliquant une sorte de possibilité périodique soit en parcourant une même contenance. Ce sera seulement dans les limites d'un de ces intervalles que le chiffre des exploitations pourra varier d'une année à l'autre suivant l'état du marché. –

Un système de ce genre est en vigueur en Allemagne où l'on a même étendu aux forêts de l'État, qui sont ainsi soumises à une <u>taxe décennale</u> ou <u>duodécennale</u>. Sans conduire à l'arbitraire il lie moins étroitement le gérant que l'application stricte de la possibilité annuelle, et il présente de sérieux avantages au point de vue cultural dans les régions où les faînées et les glandées sont rares.

II. – Caractères économiques de l'Etat. – Rôle des forêts domaniales 1). –

Exposé sommaire de la doctrine. – § 240. – Tous les citoyens d'un même pays, sans exception, sont consommateurs de bois d'œuvre, tandis qu'un fort petit nombre sont producteurs de cette sorte de marchandise et un plus petit nombre encore exportateurs. –

Le bois d'œuvre est, en effet, une matière indispensable : pour certains emplois des plus importants (meubles, futailles etc) on ne lui a pas encore trouvé de succidanés, et, pour une foule d'autres, les substances par lesquelles on l'a remplacé lui sont inférieures (par exemple en ce qui concerne les traverses de chemin de fer) 2)

D'autre part il est évident que les objets de première nécessité doivent être livrés à la société en aussi grande quantité et à aussi bas prix que possible 3) –

Donc l'intérêt de l'ensemble des citoyens d'un pays, l'intérêt d'une nation, d'un Etat veut que le bois d'œuvre soit abondant et à bon marché. –

Ce que nous disons des bois d'œuvre en général est particulièrement vrai des bois de fortes dimensions (de plus de 0m 35 de diamètre), qui seuls peuvent subvenir à certains emplois et qui, pour presque tous les autres, sont plus utiles que les bois moyens (de 0m 20 à 0m 35 de diamètre) et les petits bois (de 0m 20 de diamètre) (Voir § 162)

---

1) Les considérations qui suivent se rapportent bien entendu, tout spécialement à l'Etat français : elles peuvent, sur certains points, ne pas s'appliquer à tel ou tel Etat étranger

2) La constatation si connue de Bernard de Palissy n'a pas cessé d'être exacte malgré la concurrence que le fer fait aujourd'hui à la matière ligneuse. La preuve c'est que, dans les pays industriels, la consommation du bois augmente en même temps que celle du fer (voir le cours de Statistique forestière)

3) Il est à souhaiter qu'une matière aussi utile que le bois d'œuvre soit abondante et à bas prix, comme il est désirable que les autres objets de 1ère nécessité, les aliments, le pain, l'eau soient communs et accessibles à toutes les bourses, de manière que tous les besoins soient satisfaits. –

§ 241. — Or, d'après ce qui vient d'être dit (§§ 233-238), le particulier propriétaire d'une forêt n'est guère apte à produire de gros bois d'œuvre dont l'éducation exige un temps considérable, plus long que la plus longue vie humaine. Foncièrement égoïste, il ne songera jamais à élever des futaies pour éviter à la société la disette de bois d'œuvre. Au contraire, il souhaitera la rareté de cette matière et ne la produira que lorsque son propre intérêt l'y poussera, c'est-à-dire lorsque le bois sera déjà arrivé à un prix excessif et que la nation souffrira de la pénurie.[1]

§ 242. — Nous verrons plus loin que les communes sont, en général, tellement besogneuses que l'on ne peut pas non plus compter sur elles pour alimenter le marché en bois d'œuvre dans une mesure adéquate aux besoins de la société.

§ 243. — Ainsi ni les citoyens _ut singuli_, ni les collectivités qu'on appelle _communes_ ne sont capables d'assurer à la nation le quantum de bois d'œuvre qui est nécessaire à son bien-être et au développement de son industrie.

Nous arrivons donc à cette conséquence inéluctable que l'État, _en tant que représentant des intérêts privés de tous les citoyens_ doit se charger de l'éducation des bois d'œuvre (notamment des grosses pièces, que nul autre propriétaire ne saurait produire), et qu'il doit posséder des forêts traitées sur la base de l'exploitabilité économique.

§ 244. — D'ailleurs l'État n'est pas seulement le représentant des citoyens

---

1) C'est le phénomène qui commence à avoir lieu : les bois d'œuvre de dimensions moyennes sont devenus si rares et si chers que les particuliers bien avisés se mettent à en produire. La baisse que subissent actuellement les prix est due, sans nul doute, à une crise passagère qui n'enrayera pas le mouvement dont il s'agit.

considérés *ut singuli*. Il est aussi la personification de la Société, c'est-à-di
le représentant de l'ensemble des citoyens envisagés *ut universi*. En cette quali
de personne morale ayant une existence et une activité distinctes de l'existen
et de l'activité des individus, il possède des édifices, des vaisseaux, une
artillerie, des ports, des chemins de fer etc., pour la construction et
l'entretien desquels il consomme également du bois d'œuvre. Il a do
également intérêt, à ce point de vue, à ce que le bois d'œuvre soit à
bon marché. —

§ 245. — Il est vrai qu'envisagé comme personne morale, l'Etat
possède aussi, chez la plupart des peuples civilisés, des forêts dont il
vend les produits soit en totalité soit en partie, aux nationaux et au
étrangers et qu'à ce titre il a intérêt à ce que les bois soient chers.

C'est précisément le double caractère de l'Etat qui, d'une part repr
sente les intérêts privés, d'autre part constitue un être fictif, ayant une
fortune propre qu'il fait valoir et qu'il alimente à l'aide de l'impôt
C'est nous le répétons cette complexité du rôle de l'Etat qui rend si difficile la solution
des questions économiques soulevées par l'existence des forêts domaniale

Mais, ainsi que nous verrons plus loin, la seconde manière d'envisag
l'Etat, est, au moins en France, tout-à-fait accessoire, et ne saurait
infirmer les considérations qui précèdent. —

Discussion approfondie de la question. — § 246. — Voilà réduite à
ses grandes lignes l'argumentation qui n'a jamais cessé d'être le point de
départ de l'enseignement de l'Ecole forestière en ce qui concerne la conservation de
forêts domaniales et le mode d'exploitation auquel il convient de les soumett

1) Elle peut encore être résumée davantage et présentée sous la forme du syllogisme suivant :
Les citoyens considérés *ut singuli* et *ut universi* ont intérêt à ce que les gros bois d'œuvre soient abondants
peu coûteux. — Or ni les particuliers ni les communes ne peuvent assurer ce résultat par la façon dont ils exploitent leurs fo
Donc l'Etat, à la fois comme représentant des individus et comme personnification de la collectivité, doit parer dan
propres forêts à l'incapacité des autres propriétaires. —

Mais comme le lieu où nous parlons est le seul qui soit affecté à l'étude des questions dont il s'agit présentement et que les agents forestiers sont à peu près les seuls personnes qui puissent faire pénétrer dans le grand public de saines notions sur un sujet aussi intéressant pour la prospérité des États, nous ne nous contenterons pas d'un raisonnement sommaire.–

Nous essaierons donc d'étayer encore à l'aide d'autres arguments la thèse fondamentale de notre enseignement, et de réfuter les principales objections mises en avant par les partisans de l'aliénation des forêts domaniales ou, tout au moins, par les adversaires de l'éducation des vieilles futaies.–

§ 247.– Tout d'abord remarquons que le devoir d'élever de gros bois d'œuvre s'impose à l'État français avec d'autant plus de force que la France, comme on l'a vu dans le cours de Statistique, consomme beaucoup plus de bois qu'elle n'en produit.[1)]

Or, il n'est pas bon qu'un grand pays soit tributaire de l'étranger pour une matière aussi indispensable que le bois d'œuvre. Supposons une guerre, notamment une guerre maritime, qui empêche les arrivages d'Europe ou d'Amérique, que deviendrait notre industrie, comment s'effectuerait même notre défense ? Ou, si l'on repousse, comme peu probable de nos jours, l'hypothèse d'un blocus complet et prolongé séparant notre pays du reste du monde, supposons que les pays forestiers arrivant à manquer eux-mêmes de matière ligneuse, consomment sur place tous les bois qu'ils produisent. Notre situation ne sera-t-elle point critique ?

---

1) Excédent des importations sur les exportations en 1876 : en volume : 2.600.000 mètres cubes en grume (d'après les évaluations de M. Broilliard), – en argent, 160.000.000 francs.–

§ 248. – D'ailleurs les faits sont là. Les régions naguère si boisées où la France et les autres États de l'Europe occidentale s'approvisionnent en bois d'œuvre tendent peu à peu à s'épuiser et nous vivons sous la menace d'une disette, peut-être assez prochaine que nous n'éviterons, ou plutôt, dont nous n'atténuerons les effets qu'en conservant nos forêts domaniales, en augmentant au besoin leur nombre et leur étendue, et surtout en y créant un capital ligneux correspondant à l'exploitation économique. –

§ 249. – L'objection tirée de l'absence de forêts domaniales en Angleterre, malgré l'énorme quantité de bois que l'on consomme dans ce pays,[1] tombe tout-à-fait à néant lorsqu'on remarque que le gouvernement britannique est en train de constituer dans l'Inde, précisément pour les motifs que nous venons de développer, un domaine boisé 12 fois plus vaste que le nôtre.[2] Nos voisins, loin de considérer comme inutile l'intervention de l'État dans la production ligneuse, adoptent donc résolument les principes proclamés depuis longtemps dans les édits des anciens rois de France et consacrés par notre droit nouveau, notamment par la loi du 23 Août 1790.[3] – La seule différence à signaler entre les deux pays, c'est que les massifs domaniaux anglais, au lieu d'être situés comme les nôtres sur le territoire métropolitain, se trouvent relégués dans une possession lointaine. Or cette circonstance n'est-elle pas défavorable, en raison des frais élevés de transport qui grèvent une marchandise aussi lourde et encombrante que le bois, et ne vaudrait-il pas mieux pour la prospérité et la sécurité de la Grande Bretagne qu'une partie de ses ressources

---

1) Cette consommation s'élève à 8.000000 m.c. équarris, soit 16.000.000 m.c. en grume valant 375.000.000 frs. –

2) L'étendue des forêts domaniales (*reversed forests*) est de plus de 12.000.000 hectares. – avec les *protected forests* et les *district forests* la surface soumise au régime forestier va jusqu'à 20.000.000 hectares. –

3) Cette loi a excepté les grands massifs boisés de l'aliénation des biens nationaux. –

en gros arbres occupât l'emplacement des bruyères de l'Ecosse, plutôt que les flancs de l'Himalaya ? —

§ 250. — Sans doute un financier ou un mathématicien, qui ne feront entrer dans leurs évaluations ou dans leurs calculs que les revenus directement perçus des forêts domaniales soumises à de longues révolutions, constateront qu'en les traitant de la sorte l'État en retire une rente foncière très modique, ou, autrement dit, place son argent à un taux très faible. Ils trouveront, par exemple, que ces forêts rapportent 2 p %, peut-être même 1 p % seulement, tandis qu'exploitées sur la base de l'exploitabilité commerciale ces mêmes forêts fonctionneraient à 3 ou à 3 ½ p %. Ils en concluront qu'appliquer l'exploitabilité économique c'est faire une mauvaise opération et cela aussi longtemps que le terme de la maturité ne coïncidera pas avec celui de l'exploitabilité commerciale.

Mais en pareille matière on se trompe étrangement en se plaçant au seul point de vue fiscal. Il faut s'inspirer de considérations qui, pour ne pas se chiffrer, n'en ont pas moins de poids.

§ 251. — Le gros bois d'œuvre est un produit tout-à fait sui generis et tel que, ou bien il coûte très cher au consommateur, et alors peu de personnes, peu d'industries sont appelées à s'en servir ; — ou bien il est à bon marché, et alors la rente du sol employé à le produire est beaucoup plus faible que celle qu'on obtiendrait en exploitant des bois de petites dimensions [1]. —

Or la 1re alternative plus préjudiciable que la 2de

---

[1] On exprimerait la même chose en disant que le taux de placement est plus faible dans le premier cas que dans le second. — Nous reviendrons d'ailleurs, là-dessus à propos de la comparaison des régimes de la futaie et du taillis. —

à une société, une nation, un État, Nous allons chercher à le démontrer et pour plus de simplicité nous supposerons avoir affaire à un État pourvu de for[êts] domaniales et destiné à se suffire lui même.

§ 252 — Tout d'abord si les gros bois sont démesurément rares et ch[ers] les nombreux corps de métiers qui en ont besoin souffriront de cette pé[nurie] et la crise deviendra certainement générale, car tous les citoyens, c'est à dire [la] nation elle même seront plus ou moins atteints dans leurs revenus.

L'État considéré comme une personne morale ayant des intérêts distincts de ceux de chaque citoyen, le Trésor en un mot, pâtira éga[le]-ment, puisque les impôts seront moins productifs et les contribut[ions] domaniales plus coûteuses.

Le seul bénéfice que l'État retirera de cette situation c'est qu'[en] qualité de propriétaire de forêts il vendra à un très haut prix les gros bois qu'il y aura laissés croître. Or ce sera là une bien faible compensation. En effet, les revenus des forêts domaniales sont en général, fort peu de chose comparativement au produit des impôts. En France, la proportion est de $\frac{1}{100}$ environ 1). Supposons dans ces co[ndi]-tions que de la rareté excessive des bois d'œuvre résulte une hausse [de] prix qui double le rendement des forêts domaniales et le porte à $\frac{2}{100}$ du revenu total de l'État. N'est-il pas certain qu'une pareille hausse, en admettant qu'elle pût se produire dans les circonstances que nous imag[inons] serait accompagnée d'une baisse de plus de $\frac{2}{100}$ dans le produit géné[ral] des impôts ?

§ 253 — Si, au contraire, les bois d'œuvre sont abondants et à b[as]

1) Le budget des recettes de l'État est près de 3 milliards ; les produits des [forêts] domaniales sont d'environ 30 millions de francs.

marché, il arrivera, toutes les autres circonstances étant égales, que les industries seront prospères et les impôts productifs. Le seul désavantage que le corps social éprouvera de ce chef, sera que le Trésor ne retirera des forêts domaniales qu'une rente foncière peu élevée, ou, si l'on veut, laissera fonctionner à un taux très bas les capitaux engagés dans ces propriétés. Mais nous venons de voir (§ 252) que ces capitaux fournissent une fraction minime des ressources pécuniaires directes de l'État, de sorte que la mesure qui consiste à ne pas les placer au taux maximum mérite à peine le nom de sacrifice, même au point de vue financier.

§. 254. — Ce fait peut encore se démontrer de la façon suivante.

En France, les forêts domaniales, qui rapportent environ 30.000.000 de frs. en produits ligneux et couvrent 1.000.000 d'hectares, ont été estimées, en 1876, à 1.250 millions de francs. Admettons que le sol nu ne vaille pas plus de 250f l'hectare en moyenne, chiffre qui, en raison de la situation de beaucoup de nos forêts de plaines, n'est sans doute pas exagéré. La valeur du matériel ligneux sera, d'après cela, de 1 milliard. Supposons, ce qui est probablement au dessus de la vérité, que $\frac{1}{3}$ de ce matériel soit surabondant par rapport à celui qui suffirait si l'on voulait appliquer l'exploitabilité commerciale: On pourrait réaliser, en abattant cet excédent, une somme de 333 millions. Admettons enfin qu'elle soit employée exclusivement à des entreprises utiles comparables à des placements à 5 p %, taux, aujourd'hui exceptionnel. Notons d'autre part que les 667 millions restants, immobilisés dans les forêts domaniales, continueraient à fonctionner à un taux voisin de 3 p %, car c'est là, d'après les relevés de l'Administration des Contributions Directes, le taux auquel fonctionnent les placements forestiers des particuliers. On voit de suite que l'opération dont nous venons d'esquisser le mécanisme donnerait, dans les hypothèses si optimistes où nous nous sommes placés, un bénéfice annuel de 6 millions de francs. A quoi se réduirait dans la réalité ce chiffre déjà minime ? Pour répondre il suffit de se rappeler les prix dérisoires auxquels se sont vendues les coupes domaniales toutes les fois qu'on en a effectué un trop grand nombre à titre extraordinaire.

§ 255. – D'ailleurs, si l'on pouvait exprimer en argent les avantages indirects qu'assure au Trésor la production des gros bois d'œuvre dans les forêts domaniales et si l'on ajoutait les sommes ainsi obtenues aux prix de vente des coupes, on constaterait probablement que la rente foncière de ces propriétés est plus élevée que se l'imaginent ceux qui ne font entrer dans leurs calculs que les seuls revenus directs. Qui sait même si, dans ces conditions, le terme de l'exploitabilité commerciale ne se rapprocherait pas sensiblement du terme de l'exploitabilité économique ? –

§ 256. – Et puis, en admettant que la rente foncière des forêts domaniales traitées à longues révolutions soit en réalité très faible, ou, ce qui revient au même, que ces forêts fonctionnent à un taux extrêmement bas, ce fait n'est-il pas compensé par la sécurité du placement qu'elles constituent ? N'est-on pas habitué à voir la 1ère de ces deux conditions être la conséquence de la 2de ?

§ 257. – Remarquons enfin que le sol d'une grande partie des forêts domaniales, de presque toutes celles qui sont situées en montagne, non seulement est impropre à la culture agricole, mais serait même presque improductif s'il n'était couvert de massifs épais, exploités à long terme. Dans telle forêt de résineux qui fournit un revenu annuel moyen (une rente forestière) de 100 frs., grâce à une révolution de 150

On trouve, par exemple, 60 ans lorsqu'on cherche le terme de l'exploitabilité commerciale par la méthode indiquée aux §§ 180 et suivants. Mais ce calcul suppose que le sol conserve toujours la même fertilité quelle que soit la révolution adoptée. Or il n'en est pas nécessairement ainsi et, en abaissant le terme d'exploitation à 60 ans, on pourra obtenir au bout d'un certain nombre de révolutions, pour les bois de 60 ans, une valeur à l'hectare bien inférieure à celle qu'ils avaient au même âge lorsqu'on les laissait sur pied jusqu'à 150 ans. — Le sol s'appauvrira de plus en plus et finira même peut-être, par se convertir en landes de bruyères. Dans ces conditions, la recherche du terme de l'exploitabilité commerciale ne signifie plus grand chose et le sacrifice que s'impose l'État en n'exploitant pas à ce terme est absolument imaginaire. Au contraire il n'y a que bénéfice à retirer une rente forestière élevée de terrains qui, exploités d'une autre façon risqueraient de devenir stériles. —

§ 258. — Ainsi donc, de toute la discussion à laquelle nous nous sommes livrés, depuis le § 250, il résulte que, loin de faire une mauvaise opération en appliquant l'exploitabilité économique et en cherchant ainsi à faire baisser le prix des bois d'œuvre, l'État s'inspire des véritables intérêts de la société. — Celle-ci est dans une situation plus prospère lorsque les forêts domaniales peuvent livrer à la consommation une grande quantité de gros bois d'œuvre, fût-ce à bas prix, que lorsque ces forêts renferment un faible matériel ligneux, ce matériel eût-il une très grande valeur à l'unité de volume.

Et, si l'on nous objecte que, dans notre argumentation, nous avons supposé (§ 251) avoir affaire à une nation isolée du reste du monde tandis qu'en réalité les pays industriels tels que la France et l'Angleterre peuvent tirer de l'étranger tous les bois nécessaires à leur consommation — nous répondrons par les considérations qui font l'objet des §§ 247 et 248.—

§ 259.— Nous avons cherché à démontrer jusqu'à présent que l'État doit posséder des forêts et y appliquer l'exploitabilité économique. — Nous ajouterons maintenant qu'il le peut facilement.

Sans revenir sur la question de la rente foncière ou du taux de placement, remarquons que, d'après ce que nous en avons dit, les sacrifices que l'État s'impose de ce chef, sont peu de chose étant donnée l'étendue de ses ressources en argent. — Il peut donc, non seulement conserver le riche matériel accumulé dans certaines forêts, mais encore créer par l'épargne celui qui manque encore à beaucoup d'autres.

De plus, en sa qualité de propriétaire impérissable, l'État est doué de l'esprit de suite nécessaire pour élever des futaies et aménager des forêts à longues révolutions.

Enfin, si le stimulant de l'initiative particulière est la condition sine qua non du succès dans certaines branches de production telles que l'agriculture, la culture des bois, qui n'exige que dans une faible mesure l'intervention de l'homme, est parfaitement placée entre les mains d'une grande administration publique.

§ 260.— Voilà la doctrine de l'École forestière sur le rôle de l'État comme producteur de bois. Ainsi que nous l'avons déjà dit incidemment (§ 249.), cette doctrine est conforme à la tradition française. L'Ordonnance de 1669 et le Code forestier de 1827 en sont profondément pénétrés. Elle est même formulée explicitement dans l'ordonnance réglementaire dont l'article 68 stipule que les aménagements devront réglés principalement dans l'intérêt de la production en matière et de l'éducation des futaies, c'est à dire des gros arbres.

—

§ 261. – Les arguments que nous avons employés constituent la réfutation directe ou indirectes des théories contraires qui ont été formulées d'une façon parfois fort spécieuse, soit en Allemagne, soit en France. –

En Allemagne il y a un groupe de forestiers assez nombreux et comptant, il faut le reconnaître, des hommes éminents, qui pensent que l'exploitabilité commerciale est la seule qui doive être adoptée dans les forêts de rapport, à quelque propriétaire qu'elles appartiennent. Mais, les petits États où ces partisans exclusifs de la « Reinertragslehre » occupent des chaires d'enseignement supérieur, semblent être placés dans des conditions économiques exceptionnelles qui seules justifient jusqu'à un certain point l'application de cette théorie.[1]

En France, la doctrine dont nous nous sommes fait l'interprète a eu pour principaux adversaires non pas des forestiers, mais des financiers partisans de l'aliénation pure et simple des forêts domaniales. Il paraît d'ailleurs plus logique de réclamer l'aliénation des forêts domaniales que de demander qu'on les traite sur la base de l'exploitabilité financière, au même titre que les bois des particuliers. – En effet, du moment que l'État se livre à une production qui est à la portée des simples citoyens, il n'a plus sa raison d'être comme producteur.

§ 261. – Outre les arguments que nous avons utilisés ci-dessus pour la justification de notre thèse, on en a quelquefois invoqué d'autres que nous laisserons de côté comme peu pertinents.

Ainsi l'on a dit que l'État doit accumuler le matériel ligneux dans ses forêts bien au delà du terme de l'exploitabilité commerciale parceque étant inhabile à spéculer il ne peut pas placer plus avantageusement, dans d'autres entreprises les capitaux qu'il immobilise sous forme de bois sur pied.

Les prémisses de ce raisonnement ne sont pas aussi exactes que la conclusion. Sans doute l'État ne spécule point dans le sens ordinaire du

[1] Tel est le cas de la Saxe, qui partie intégrante d'un vaste empire, riche en forêts, n'a pas besoin de se suffire à elle même en ce qui concerne les gros bois.

mot avec l'argent dont il dispose. Il ne prête pas des capitaux à des in[dus]triels ou des commerçants et ne les confie point à des banquiers.[1] Il n'est guère apte, notamment, à réaliser la portion du matériel de ses f[orêts] qui dépasse le quantum nécessaire à l'application de l'exploitabilité commer[ciale] et à acheter, dans des conditions avantageuses, d'autres forêts qu'il ex[ploi]terait de la même façon.

Mais l'Etat peut spéculer en ce sens qu'avec les sommes retirées de la [vente] de ses bois, il peut effectuer des travaux de toute espèce, construire des ro[utes,] des chemins de fer, des écoles, des ports etc. Or ces dépenses sont souvent reproductives. Supposons donc que, dans telle ou telle circonstance, les re[venus] annuels directs ou indirects qui en résultent soient exactement connus et sup[érieurs] en valeur nette à la rente foncière fournie par les forêts domaniales tr[aitées] à longues révolutions. Il faudra évidemment conclure, en s'en tenant [au] point de vue financier, que ces révolutions doivent être abrégées. Si l'on constatait que la comparaison est encore à l'avantage des grands trava[ux] publics dans l'hypothèse où l'on exploite les forêts sur la base du maxim[um] de rente foncière, il faudrait même en conclure, toujours au point de [vue] financier, que l'aliénation des forêts domaniales est une bonne opéra[tion].

Par conséquent, tout ce qu'on peut dire au sujet de la prétendue in[ap]titude de l'Etat à faire fructifier ses capitaux autrement que dans [la] production forestière, c'est qu'en fait les coupes extraordinaires ou les aliénations de forêts domaniales ont souvent été inopportunes et qu[e] les sommes qu'elles ont rapportées ont été dépensées en pure perte. Ma[is] il vaut mieux encore pour justifier l'application par l'Etat de l'expl[oita]bilité à long terme quitter le terrain financier et recourir uniquement aux considérations économiques que nous avons développées plus haut.

[1] On ne cite que l'ancien gouvernement de Berne qui plaçât chaque année un[e] partie de ses revenus comme le fait un particulier (J.B. Say. Traité d'Écono[mie] politique. 1re édition, page 479, tome II)

§ 262. – On a dit encore, pour corroborer l'argumentation en faveur des longues révolutions, que l'État étant impérissable, chaque génération n'était qu'usufruitière des forêts domaniales et que la génération présente devait conserver intact le dépôt qu'elle avait reçu de ses devancières. Cette énonciation qui conduirait à ne pas même réduire le capital d'exploitation d'une forêt pléthorique, nous paraît également inexacte.

Chaque génération a le droit de réaliser, en tout ou en partie, le matériel ligneux reconnu inutile, tout aussi bien qu'elle peut légitimement transformer ou détruire les constructions et ouvrages d'art dont elle n'attend plus de services.

Remarques complémentaires diverses. – § 263. – Le raisonnement que nous avons fait, pour justifier l'existence des forêts domaniales et l'exploitation de ces forêts au terme de l'exploitabilité économique, tend aussi à établir que les principes du libre échange doivent être appliqués au bois d'œuvre.

La thèse contraire prévaut, il est vrai, en Allemagne. On le conçoit à la rigueur lorsqu'on songe que le système protectionniste régit toute la législation douanière de ce pays. Dans ces conditions, il est admissible que l'État, cherchant surtout à favoriser les différentes classes de producteurs, s'occupe entre autres des producteurs de bois et prélève à leur profit sur cette marchandise, des droits d'entrée payés par les consommateurs. On s'explique d'ailleurs aussi que dans ces conditions l'État possède et administre de vastes forêts qui tout en lui fournissant d'importants revenus assurent aux régnicoles, à des prix abordables une quantité de bois à peu près suffisante à leurs besoins.

Mais ce qui serait tout à fait illogique ce serait que, chez une nation où la propriété forestière domaniale aurait une étendue assez restreinte –

et où le principe du libre échange constituerait la règle générale, on voulût à la fois traiter les forêts domaniales à longues révolutions et frapper de droits d'entrée considérables les bois d'œuvre importés. En effet, cela reviendrait à ôter d'une main ce que l'on retirerait de l'autre, sans compter que le bois est des dernières matières à excepter de la libre admission.

§ 264. — Quand les agents forestiers constatent lors de la vente des coupes domaniales, que le prix des bois a augmenté, ils ne doivent être satisfaits que sous bénéfice d'inventaire. En effet la hausse peut tenir à la rareté de l'offre: elle est alors accompagnée d'un certain malaise chez les consommateurs. Ils n'ont lieu de se réjouir que si les prix élevés ont pour cause l'activité de la demande, la prospérité des industries. C'est d'ailleurs la cause ordinaire de la hausse en France où l'offre est rarement restreinte grâce à l'apport des bois étrangers. —

On pourrait faire des réflexions analogues sur la baisse des prix.

§ 265. — Les aménagistes qui ont déclaré jadis, à propos d'une importante forêt à chênes, que l'État doit y produire de beaux arbres propres à la marine, mais pas en trop grand nombre, pour que leur prix ne s'avilisse pas, ont commis une erreur sur laquelle il est inutile d'insister. —

§ 266. — Les revenus que procure à l'État la vente des coupes domaniales sont une simple compensation de l'élévation du prix des bois. L'État fait bien, du reste, de vendre le produit de ses forêts au lieu de les mettre gratuitement à la disposition des industriels, parce qu'en ne les abandonnant qu'au plus offrant il a chance de les livrer à celui qui les utilisera le mieux. — En même temps il récupère de la sorte le montant de ses frais de production.

§ 267. — On cite des forêts où, soit en raison de la nature du sol, soit

lequel ils poussent, soit à cause des essences à laquelle ils appartiennent, les arbres, même arrivés en pleine maturité, ne fournissent guère que du bois de chauffage. En pareil cas l'on comprend que l'État s'écarte sans scrupule de sa ligne de conduite ordinaire et applique une exploitabilité à court terme, par exemple l'exploitabilité relative aux écorces à tan.

D'ailleurs à moins de motifs tirés de considérations étrangères à la production ligneuse, ces forêts devraient être aliénées. —

III. — Caractères économiques des Communes. Esprit dans lequel doivent être aménagées leurs Forêts.

§ 268. — Les communes forment une classe de propriétaires d'une nature mixte, impérissables comme l'État ayant des ressources limitées comme la plupart sinon plus que lui, et des particuliers. C'est donc à bon escient que nous en parlons en 3e lieu. — L'âge de l'exploitabilité commerciale étant le terme minimum auquel on puisse songer à couper les bois, les communes s'en tiendront-elles à ce minimum, ou pousseront elles les peuplements jusqu'à leur maturité économique? C'est ce que nous allons examiner. —

§ 269. — Tout d'abord remarquons qu'aujourd'hui l'État n'a pas le droit de forcer les communes, au nom de l'intérêt général, à produire des bois de fortes dimensions. — Contrairement aux principes qui ont inspiré les dispositions de l'Ordonnance de 1669, la législation actuelle reconnaît que les biens des communes sont destinés à être administrés pour le plus grand avantage des communes elles-mêmes, et autant que possible conformément à leurs vœux.[1)]

---

1) Ainsi l'article 134. O.R. excepte des dispositions applicables au bois des communes l'art. 68 qui stipule que les aménagements des forêts domaniales seront réglés principalement en vue de l'éducation des futaies. — L'art. 135 O.R. soumet les propositions d'aménagement aux conseils municipaux.

Dès lors, pour savoir si les communes doivent ou non faire dépasser leurs bois le terme de l'exploitabilité commerciale; il faut rechercher si leur int[...] le réclame. —

Les considérations suivantes tendent à faire répondre par l'affirmati[...]

§ 270. — Les communes possèdent parfois, comme les particuliers, des cap[i]taux disponibles qu'elles font fructifier. Mais elles sont, en même temp[s] en leur qualité de personnes morales, incapables de trouver pour ces capi[taux] un emploi lucratif dans le commerce ou dans l'industrie. — D'ailleurs el[les] sont des êtres impérissables, et à ce titre, elles doivent surtout rechercher la sécurité du placement. Or le placement en forêts est le plus sûr que l'on puisse imaginer. Les valeurs fiduciaires, même les rentes sur l'État, peuv[ent] être anéanties à la suite d'une guerre, d'une révolution, d'une catast[rophe] politique quelconque, et l'histoire montre que telle est la fin qui leur es[t] réservée tôt ou tard. Les fermes ou les terres arables, que la commun[e] ne saurait évidemment cultiver elle-même, risquent aussi d'être détru[ites] ou de ne point se louer. Les forêts, au contraire, sauf dans quelques régions du Midi, sont à l'abri de la plupart des chances de destruction.

De plus les forêts donnent des revenus qui ne s'avilissent pas, qui, [...] ont chance de s'augmenter sans cesse avec le temps, à cause de la rareté cr[ois]sante des bois d'œuvre [1].

Dans ces conditions, toute commune possédant une forêt a intérêt à prolonger la révolution jusqu'au terme de l'exploitabilité économique, à accumuler beaucoup de matériel, de façon à en tirer un revenu annuel moyen élevé, une rente forestière aussi voisine que possible du maximum, plutôt que de compromettre dans d'autres placements les économies qu'el[les]

---

[1] Nous avons déjà dit que la baisse que subit actuellement le prix du bois d'œuvre ne [...] suivant toute apparence, qu'à une crise passagère.

a pu effectuer. Et si la forêt renferme déjà un capital d'exploitation considérable la Commune devra à plus forte raison ne réaliser que la portion de ce matériel qui n'est pas nécessaire à l'application de l'exploitabilité économique. —

§ 271. — Les placements en forêts ont, du reste, un autre avantage encore pour les communes. — C'est qu'ils sont assez difficiles à mobiliser, de sorte qu'ils sont moins exposés à être affectés à des dépenses improductives.

En effet, des titres de rentes, par exemple, trouvent d'ordinaire de nombreux preneurs, tandis que des forêts s'aliènent avec peine et que des coupes extraordinaires, même, ne se vendent pas toujours facilement. Sans compter que les distractions du régime forestier et les autorisations de coupes extraordinaires s'opèrent dans des formes compliquées et nécessitent l'intervention de l'Administration forestière, circonstances qui empêchent en général les dilapidations irréfléchies de la fortune communale.

§ 272. — Mais, dira-t-on, les considérations qui précèdent, au lieu d'engager les communes à appliquer dans leurs forêts l'exploitabilité économique, légitimeraient tout aussi bien une opération consistant à appliquer l'exploitabilité commerciale, sauf à étendre la surface de la propriété boisée. Un exemple fera comprendre ce que nous voulons dire. —

Reportons-nous à la forêt normale de 60 hectares dont il est question au § 205. Supposons que cette forêt soit communale, qu'elle soit actuellement soumise à la révolution de 80 ans et que 60 ans soit le le terme de l'exploitabilité commerciale. — Nous voyons que si la Commune réalisait les 7.063^{f}. représentant l'excédent du matériel actuel sur le matériel correspondant à la révolution de 60 ans, elle pourrait acheter avec cette somme 20 hectares 66 ares peuplés de bois d'âges gradués de

1 à 60 ans[1] Ces $20^{h}.66$ ares lui fourniraient un revenu annuel moyen $10.25 \times 20^{h}.66 = 212^{f}$.[2] qui, ajouté à 615^{f}. montant de la rente forestière de la forêt primitive de 60 hectares, formerait un total de 827^{f}.. L'opératio[n] donnerait donc un bénéfice annuel de $827 - 780 = 47^{f}$. et, comme elle con[sis]terait dans un placement purement forestier, elle serait préférable, sous [tous] les rapports, au maintien de la révolution de 80 ans dans la forêt primitive de 60 hectares.

Le même raisonnement conviendrait tant que cette forêt serai[t] soumise à une révolution supérieure à 60 ans. — Il conviendrait au[ssi] en dernière analyse, pour le cas où la Commune achèterait des terrain[s] nus ou peuplés d'une façon quelconque, mais destinés à être exploit[és] au terme de l'exploitabilité commerciale.

A cette objection nous répondrons qu'en effet l'opération dont il s'ag[it] serait avantageuse pour la Commune, mais qu'en général elle n'est [pas] possible, parce que la Commune trouve rarement l'occasion d'acheter da[ns] de bonnes conditions des terrains boisés. La limitation de l'offre en ce q[ui] concerne ce genre de propriétés, et l'inaptitude de la Commune, person[ne] morale, à provoquer cette offre, s'opposent à ce qu'il en soit autremen[t].

Ainsi, ce que la Commune a de mieux à faire est de concentrer son épargne sur la forêt patrimoniale et de profiter de l'aptitude qu'a celle[-ci] d'emmagasiner une somme pour ainsi dire indéfinie de richesses san[s] augmenter d'étendue. —

§ 273. — D'ailleurs au dessus des considérations théoriques dans les-quelles nous sommes entrés, il y a un argument de fait très frapp[ant]

---

1) Il est facile de voir comment on arrive à ce chiffre de $20^{h}.66^{a}$. — La forêt de 60^{hect}. traitée à la révolution de [60] ans fournit une rente forestière de $10^{f}.25$ à l'hectare. Si donc on avait 1 hect. couvert de bois d'âges gradués de 1 à 60 ans, i[l] rapporterait aussi un revenu annuel moyen de $10^{f}.25$ et vaudrait en fonds et superficie $\frac{10.25}{0.03} = 341^{f}.67$. Il vient donc $\frac{7063}{341.67} = 20^{h}.66$

2) Comme vérification $7063^{f} \times 0.03 = 212^{f}$. —

mis en lumière par M. Broilliard.

On constate que les communes qui possèdent des revenus en dehors de ceux que leur procure l'impôt, sont, en général, des communes propriétaires de forêts et que les communes riches sont, pour la plupart, des communes propriétaires de forêts traitées en futaie à longues révolutions ou en taillis sous futaie avec réserve nombreuse. Le Nord-Est de la France, surtout les régions des Vosges et du Jura forment un frappant contraste à cet égard avec les régions de l'Ouest, du Centre et du Sud-Est.

Inversement, on a vu maintes fois que les communes qui ont aliéné ou seulement ruiné leurs forêts ont consommé d'une façon peu reproductive le fruit de cette opération et sont aujourd'hui à bout de ressources. —

§ 274. — Nous avons admis implicitement, dans notre discussion, que la commune vendait au profit de la caisse municipale, les bois provenant de sa forêt. Or il arrive souvent que ces produits sont distribués en nature entre les habitants. Cette circonstance n'infirme pas la conclusion à laquelle nous sommes arrivés, car elle ne change rien à la situation qu'occupe chaque génération par rapport à la forêt. Elle est toujours usufruitière, seulement, dans le cas où l'on vend les bois, ses membres en jouissent <u>ut universi</u>; quand on les distribue en nature ils en disposent <u>ut singuli</u>. Par conséquent la commune, c'est-à-dire la personnification permanente des différentes générations successives, a intérêt à assurer à à chaque génération une part affouagère aussi grande que possible et à pousser les bois jusqu'à leur maturité.

§ 275. — Ainsi donc, à quelque point de vue que nous nous placions, nous voyons que la commune, être impérissable, a intérêt à appliquer dans sa forêt l'exploitabilité économique; que chaque génération d'habitants a le devoir, pendant son usufruit passager, de conserver intact et même d'agrandir dans la mesure du possible, le capital ligneux que leu ont transmis les générations précédentes; qu'enfin l'État, tuteur de la Commune impérissable, a pour tâche de veiller à ce que les intérêts permanents ne soient pas sacrifiés aux fantaisies du jour; des moyens de coërcition lui sont, du reste dévolus à cet effet.[1]

Par malheur, la plupart des communes sont besoigneuses. Elles ont beaucoup de peine à équilibrer un budget toujours grevé de dépenses nouvelles, alors que leurs ressources demeurent limitées. En même temps leurs forêts, qui constituent souvent la principale partie de ces ressources, sont, en général, pauvres en matériel, par suite d'abus antérieurs. Beaucoup de ces forêts non seulement sont loin de renfermer le capital correspondant à l'exploitabilité économique, mais ne sont même point normales au point de vue de la plus grande rente foncière.

Aussi les municipalités ont-elles presque toujours la tendance de maintenir le capital d'exploitation au niveau où elles l'ont trouvé au moment de leur arrivée aux affaires, et même de le rogner dans une plus ou moins grande mesure.

C'est à l'Administration forestière de réagir contre ces tendances, d'éclairer l'autorité supérieure et les municipalités elles-mêmes sur les questions en litige, et de proposer des aménagements conçus dans un esprit de conservation et d'amélioration de la propriété boisée. Cela importe d'autant plus que l'ensemble des forêts communales couvre une surface de 2.000.000 d'hectares, le double de l'étendue domaniale, et que, convenablement traitées ces forêts seraient peut-être en état de produire le volume de bois d'œuvre que la France demande actuellement à l'étranger.—

§ 176.— En somme, tandis que dans les forêts domaniales les

---

1) Code forestier. Art. 90, 91. Ordce régl. Art. 128.

aménagements doivent prescrire immédiatement l'application de l'exploitabilité économique, dans les forêts communales ils doivent simplement tendre peu à peu vers ce desideratum avec tous les tempéraments qu'exige la situation des municipalités propriétaires.–

C'est la ligne de conduite que semble indiquer l'article 137 § 1er de l'Ordonnance réglementaire, rapproché de l'article 70 de la même Ordonnance.

Nous aurons d'ailleurs l'occasion de revenir sur cette question à propos du rapport soutenu.–

Chapitre II – Des régimes et des modes de traitement.–

Article 1er – Comparaison entre le Régime de la futaie et le régime du taillis.–

§ 277.– Pendant de longues années on a toujours entendu, dans l'enseignement forestier, par régime de la futaie le mode « du réensemencement naturel et des éclaircies », appelé encore mode de la « futaie régulière ». Non seulement on excluait de la discussion les autres modes de traitement par coupes localisées, qui, du reste, sont généralement d'un intérêt secondaire, mais on regardait aussi comme antiscientifique le mode du jardinage, ce qui était peut-être moins bien justifié.– De plus, on supposait toujours implicitement que les peuplements élevés en futaie étaient exploités à très long terme.–

Quant à la méthode du taillis, lorsqu'on en parlait, on

n'en considérait que deux formes assez voisines l'une de l'autre : cel du taillis simple et celle du taillis sous futaie de Cotta, où la réserve couvre au plus le tiers du terrain. —

Il résulte de là qu'on a été conduit à établir une comparaison en les deux types extrêmes que nous venons d'indiquer : d'une part forêt traitée en futaie à longue révolution, par le mode des éclaircies ; d'autre part le taillis simple ou le taillis composé de Cotta.

Ce parallèle classique a joué un rôle important dans l'enseignem de l'École de Nancy et nous allons le reproduire en tête de notre ét des régimes et des modes de traitement. Nous chercherons bien ent à rester fidèles à l'esprit dans lequel il a été conçu par ses auteurs ; nou nous permettrons seulement de le modifier dans ses détails de manièr à le mettre en harmonie avec les autres parties du cours. Ainsi nous changerons l'ordre de certaines propositions en vue de les présenter sou une forme aussi didactique que possible ; nous introduirons dans le parallèle quelques considérations nouvelles, se rapportant à des fait que nous avons personnellement observés ; enfin nous emploierons tout naturellement la terminologie qui nous paraîtra la plus propr à rendre, soit notre pensée, soit celle des forestiers dont nous nous approprions provisoirement les idées. —

§ 278. — Dans l'examen comparé dont il s'agit, on développe trois ordres de considérations : des considérations culturales, des considérations économiques et des considérations financières

Les 1ères concernent les relations qui existent entre le régime d'un part, d'autre part les essences, le sol, le climat. —

Les 2des ont trait à la quantité, la nature, l'état et la qualit des produits.

Les 3mes sont relatives au revenu (annuel moyen) c'est-à-dire à la rente forestière et au taux de placement auquel on peut substituer la rente foncière.

I. – Considérations culturales. –

A. Action du régime sur les essences. – § 279 – On constate d'abord que le régime du taillis est défavorable à toute une catégorie d'essences, les essences résineuses : il les expulse. Si l'on exploite en taillis, c'est-à-dire si l'on recèpe à de fréquents intervalles une forêt peuplée à l'origine, en tout ou en partie, d'essences résineuses (et le fait a déjà eu lieu), on arrive peu à peu à faire disparaître ces dernières, et à leur substituer, dans le cas le plus favorable, les essences feuillues spontanées de la station (par exemple à remplacer le sapin par le chêne, le hêtre, le bouleau, le tremble, etc). –

Inversement, le traitement en futaie est favorable à la propagation des résineux là où ceux-ci sont l'un des principaux éléments de la flore locale.

§ 280. – Le régime du taillis ne convient pas non plus au hêtre, en général. – Sans doute, on peut traiter cette essence en taillis : la preuve c'est que nous avons, en France, beaucoup de taillis-sous-futaie peuplés en partie de hêtres. Mais il faut remarquer que, dans les taillis sous futaie du Nord et de l'Est, la régénération du hêtre se fait presque uniquement par la semence ; que les cépées de hêtre y sont rares et peu vigoureuses ; – que le hêtre ne rejette abondamment que dans le Midi, dans les Pyrénées par exemple, où il est dans des conditions de végétation spéciales, différentes de celles qu'il rencontre dans la moitié Nord de la France et dans toute l'Allemagne ; – que les taillis simples de hêtre du Morvan, de la Savoie et de la Suisse ne se perpétuent qu'au moyen du mode particulier du furetage. On peut donc dire que, dans la plupart des cas, si l'on traite en taillis simple une forêt de hêtre, ou bien elle se dégrade, ou bien, s'il y a dans la région d'autres essences feuillues plus propres à rejeter de souches, ces essences se substituent au hêtre[1]. —

Au contraire, il est notoire que le hêtre prospère admirablement dans forêts traitées en futaie pleine: c'est de toutes les essences feuillues celle qui forme les massifs les plus compacts.

§ 281. — Il faut observer en 3me lieu qu'à l'opposé du régi du taillis, celui de la futaie est généralement propice aux essences longé-vives. En effet, dans les forêts où les révolutions sont longues, il est que les essences longévives auront plus de chance de rester maîtresses du sol vers l' que de l'exploitabilité que les essences dont les sujets auront disparu par suite d' moindre vitalité. Ce seront donc les essences longévives qui constitueront les peuplements appartenant aux 1ères classes d'âges (c'est à dire ceux par lesquels se fait la régénération). — Au contraire, avec des exploitations taillis qui se répètent à de courts intervalles, les essences secondaires et les arbr qui joignent, en général, à une croissance rapide, la propriété d'aimer la lumi envahissent tout naturellement le sol aux dépens des essences précieuses, et se régénèrent elles-mêmes lors des recépages.

B. — Action du régime sur le sol. — § 282. — L'action des forêts le sol s'exerce principalement par le couvert des arbres, qui conserve à terre son humidité, et par les détritus qu'ils abandonnent et qui consti un amendement. —

Dans les forêts traitées en futaie le sol est presque constamment couvert toutes ses parties, même pendant la période de régénération[2]; il en résulte

[1] Les taillis sous futaie où le hêtre est à peu près pur, comme ceux des environs de Bains (Vosg sont d'un type anormal qui ne rentre pas dans le cadre du présent parallèle: la réserve y est très nombreuse, souvent en massif et la régénération s'y fait principalement par la semence. Ce sont des forêts traitées en futaie. C'est ainsi, du reste, que les envisage Mr Broilliard dans son cours d'Aménag (pp. 270 et 271). —

[2] Voir plus loin, § 280.

se maintient tout à la fois frais et meuble et que l'amendement dû aux feuilles mortes est porté à un degré très élevé. Pour ce double motif les propriétés physiques du sol vont toujours en s'améliorant et il s'enrichit sans cesse au point de vue de la composition chimique.—

Dans les taillis, au contraire, le couvert est après chaque exploitation, nul ou incomplet. Il est vrai qu'il se produit des cépées immédiatement après le recépage, mais elles sont d'abord éloignées les unes des autres, et, avant qu'elles se soient rejointes et aient reformé le massif, il se passe un temps plus ou moins long, suivant l'activité de la végétation : on peut l'évaluer à 8 ou 10 ans en moyenne. D'autre part, les exploitations reviennent fréquemment sur le même point ; elles sont séparées par des intervalles de 40 ans au maximum, souvent de 15 ans et même moins, de sorte que la durée de l'interruption partielle ou totale du couvert varie de 1/4 à 1/2 de la durée de la révolution. De là résulte que, dans les taillis, les couches superficielles du sol tendent presque constamment à se dessécher et ne reçoivent qu'une faible quantité de détritus, double circonstance défavorable à l'amélioration du fonds.— Le phénomène est surtout apparent sur les sols légers et siliceux tels que ceux qui proviennent de la désagrégation du grès vosgien : le traitement en taillis ne tarde pas à les convertir en landes de bruyères.—

§ 223.— A propos de l'influence du régime sur le sol, il importe de signaler, en faveur du traitement en futaie les analyses de M. Grandeau. Elles ont montré que les bois jeunes renferment plus de principes inorganiques que les vieux bois ; d'où la conséquence que les exploitations de taillis, qui portent sur de jeunes sujets, épuisent plus le sol, chaque fois, que les coupes de futaies, qui enlèvent de vieux arbres. Comme, d'autre part, en un temps donné, les exploitations de taillis sont plus nombreuses que les coupes de futaies, il y a là un nouveau motif qui rend le premier régime moins favorable que le second à l'enrichissement du terrain.

§ 284. – En parlant de l'action du régime sur le sol on peut avoir en vue, non plus seulement l'amélioration de la couche de terre végétale, mais aussi le maintien de celle-ci le long des pentes, sa préservation contre les érosions, les envahissements de sables etc. – Or, à ce point de vue encore, les forêts traitées en futaie sont préférables aux taillis, car il est évident que le rôle protecteur des forêts est d'autant mieux rempli que l'état du massif y est plus complet et dure plus longtemps. –

C. Action du régime sur le climat. – § 285. – Nous ne nous occuperons pas ici de la mesure dans laquelle le choix du régime à adopter dans une région donnée dépend du climat de cette région : ce serait intervertir la question qu'il s'agit et anticiper sur la conclusion du présent examen. – Nous conformant au plan adopté, nous nous bornerons à examiner l'influence qu'exercent les forêts sur le climat d'un lieu donné du globe, suivant qu'elles sont traitées en futaie ou en taillis. –

Or le principal facteur par lequel les forêts agissent sur la température et l'humidité de l'atmosphère, sur l'intensité et la direction des vents, c'est l'état de massif. D'autre part cet état est plus caractérisé et plus permanent dans la méthode de la futaie que dans celle du taillis. C'est donc le premier de ces deux régimes qui donne le plus de relief aux faits se rattachant à la météorologie forestière. –

II. – Considérations économiques.

A. – Quantité des produits. – § 286. – Nous admettrons comme une vérité physiologique le fait suivant :

La production ligneuse, à l'hectare, d'un peuplement d'une essence donnée et occupant un sol déterminé est indépendante de son origine (rejets ou brins de semence) et proportionnelle à la surface foliacée de ce peuplement ; de sorte que production ligneuse est maximum lorsque la surface foliacée est elle-même maximum, c'est-à-dire que le peuplement est en massif plein.[1]

Cela posé, nous rappellerons que, dans les forêts traitées en futaie et où les résultats des opérations sont conformes aux prévisions théoriques, le sol est constamment occupé par des bois en croissance. En effet, lors de la régénération successive, on commence par établir une coupe d'ensemencement sombre où les arbres sont encore presque en massif et l'on ne fait disparaître les porte-graines qu'au fur et à mesure que le jeune semis se complète, se développe et arrive à l'état de fourré. — La période de temps pendant laquelle les trouées de l'étage supérieur ne sont pas compensées par la frondaison de l'étage inférieur est donc relativement courte et comprend une trentaine d'années en moyenne. Nous savons d'ailleurs aussi que les révolutions de futaies oscillent autour de 150 ans.

Dans les taillis, au contraire, tels que nous les entendons dans ce parallèle, les véritables produits ligneux (autres que les morts-bois) ne sont donnés que par les souches exploitées de l'ancien peuplement. Or nous avons vu (§ 282) que ce n'est guère qu'au bout de 8 à 10 ans que le sol est complètement recouvert par un recru formant massif et que les révolutions sont rarement supérieures à 30 ans. Dès lors, si nous considérons un laps de temps de 150 ans correspondant à une révolution de futaie et à 5 révolutions de taillis de 30 ans, nous voyons qu'avec le régime de la futaie la surface foliacée ne sera réduite que pendant 30 ans, et encore restera-t-elle voisine de son maximum, tandis qu'avec la méthode du taillis, elle sera plus ou moins fortement interrompue pendant 40 ans.

De là la conclusion que la production en matière est plus faible dans

---

1) Ce qui prouve que la surface foliacée est alors maximum, c'est que les branches basses se dégarnissent de feuilles et meurent faute de lumière au fur et à mesure que les cimes poussent en hauteur : les houppiers des différents sujets constituent donc, dans leur ensemble, comme une zone de verdure dont l'épaisseur reste constante.

les taillis que dans les forêts traitées en futaie. — On pourrait ajouter q
ce raisonnement a été fait dans l'hypothèse que le sol du taillis et ce
de la futaie sont de même fertilité et restent constamment identiqu
à eux-mêmes ; il est donc corroboré par cette circonstance que le 1er régi
enrichit moins le terrain que le second (§§ 282 à 284). —

§ 287. — Après avoir formulé cette sorte de démonstration physiolo
on cite à l'appui des relevés statistiques et des expériences. Parmi c
dernières la plus célèbre est celle d'Hartig qui a comparé entre eux
un taillis simple exploité à 30 ans et une forêt traitée en futaie à la
révolution de 120 ans. Il a constaté, paraît-il, que les produits en ma
tière de ces deux forêts pendant les 120 ans étaient dans le rapport de 4
Il est d'ailleurs évident que l'écart qui existe entre les deux régimes, a
point de vue de la production en matière, n'est pas une quantité fixe et
avec une foule de facteurs, notamment les essences, le sol et le climat. N
reproduirons à ce sujet les réflexions suivantes tirées en grande partie du
cours de M. Broilliard.

a) Variations de la quantité des produits avec les essences. — § 288.
Si c'est le hêtre, par exemple, qui peuple les deux forêts traitées l'une en fut
l'autre en taillis, la différence de production sera bien plus grande que si
le chêne, lequel se prête également bien aux deux régimes. —

b) Variations de la quantité des produits avec le sol. — § 289. —
dans les terrains les plus disgrâciés de la nature, les plus secs et les plus
pauvres que la différence est la plus sensible. Il arrive même dans certain
terrains que cette différence devienne extrême, c'est-à-dire que le taillis
ne fournisse presque plus de bois. Dans le sable siliceux pur, à gros
grains, la forêt traitée en taillis disparaît : il ne reste plus que des

bruyères.

On cite à ce propos le fait constaté par M. Clavé dans la forêt de Fontainebleau. Le sol de cette forêt est formé de 98 p. % de sable pour 2 p % d'argile : le traitement en taillis y a, paraît-il, transformé de grands espaces en landes couvertes de bruyères qu'il a fallu repeupler en pin.

On signale aussi sur pareil sol la forêt d'Orléans, traitée en taillis pendant 300 ans et présentant également des vides d'une très grande étendue.

Enfin on mentionne surtout l'exemple du massif de Hez-Froidmont, situé en terrain siliceux dans le département de l'Oise et appartenant en partie à l'Etat et, en partie, à la famille d'Orléans. Les deux propriétés sont enclavées l'une dans l'autre, de telle sorte que si l'on teintait en noir, sur un plan, les parcelles domaniales et qu'on laissât en blanc celles que possèdent les Princes, on aurait à peu près l'image d'un échiquier. Les deux forêts présentent dans leur ensemble les mêmes éléments fixes de production. Or les cantons appartenant à l'Etat, qui sont traités en futaie depuis fort longtemps, sont magnifiquement peuplés, tandis que les parcelles qui appartiennent à la famille d'Orléans renferment beaucoup de vides garnis de bruyères.

Au contraire, sur les sols de très bonne qualité, tels que les alluvions modernes qui bordent les fleuves, tout le monde admet que l'écart entre la production des taillis et des futaies doit être considérablement réduit.

c) Variation de la quantité des produits avec le climat. - § 290. - C'est sous les climats extrêmes, très chauds ou très froids, que la différence de production entre les deux régimes est la plus considérable, et c'est sous les climats tempérés que le régime du taillis est le mieux à sa place. C'est là aussi, du reste, qu'il est, en fait, le plus pratiqué. -

Sous les climats rudes des pays septentrionaux, déjà, par exemple, dans le Nord de l'Allemagne, la reproduction par rejets devient difficile

D'ailleurs, dans ces régions, ce sont les essences résineuses qui forment le fond des peuplements, les seules espèces feuillues sociales qu'on y rencontre sont des essences telles que le hêtre et le bouleau qui généralement[1] rejettent mal des souches.

Dans les pays très chauds, sous les tropiques, le régime du taillis est paraît-il, impraticable. D'après M. Brandis, ancien Inspecteur Général des Forêts de l'Inde Britannique, le seul régime qui convienne dans les pla[ines] de l'Hindoustan est celui de la futaie, et même doit-il être appliqué so[us] forme du jardinage, où l'on n'enlève qu'un arbre à la fois sur un mêm[e] point ; dès qu'on découvre le sol, le soleil le brûle tellement que la vég[éta]tion forestière disparaît. –

Maintenant, pour les climats tempérés, il y aurait peut-être aussi des distinctions à faire. Ainsi c'est aux expositions chaudes que le traitement en taillis donne les plus mauvais résultats quand les conditions du sol lui [sont] d'ailleurs défavorables. – De même, en ce qui concerne les vents, ils gênent [la] reproduction par rejets de souche lorsqu'ils sont froids et desséchants comme [dans] les Ardennes, violents et chargés de particules salines comme sur le littor[al] de l'Atlantique ; de sorte que leur action diminue sensiblement la production des taillis en un temps donné.

B. – Nature des produits. – § 291. –

De même qu'il importe de réaliser, dans un régime déterminé, la plus grande quantité possible de mat[ière] de même la considération de la quantité des produits n'a pas grande valeur dans la comparaison des deux régimes de la futaie et du taillis. Si a der[nier] tout en donnant moins de matière ligneuse que l'autre, donnait une ma[tière] plus utile, il faudrait évidemment conclure à sa supériorité. Voilà p[our]quoi les auteurs du présent parallèle, ne se sont point contentés de compa[rer] les volumes de bois produits, et se sont occupés aussi de la nature d[e] ces bois.

Au point de vue des emplois, il y a deux grandes catégories de bois : les

[1] Nous disons généralement parce qu'on a vu (§ 280) que à la limite méridionale de son aire d'habita[tion] le hêtre acquiert la faculté de produire de nombreux rejets.

bois de feu et les bois d'œuvre. Nous avons d'ailleurs admis (§ 240) que ceux-ci se répartissent à leur tour entre trois classes : les bois petits, gros ou moyens, suivant que le diamètre des tiges dont ils proviennent est inférieur à 0.20, supérieur à 0m. 35 ou compris entre ces deux limites. — La nature des produits est précisément constituée par celle de ces catégories ou subdivisions de catégorie à laquelle ils appartiennent. —

Voici maintenant l'esprit sinon la lettre des développements où l'on a l'habitude d'entrer à ce sujet. —

§ 292. — La différence essentielle quant à la nature des produits entre les forêts traitées en taillis et celles qui sont traitées en futaie réside dans la quantité de bois d'œuvre de grande et moyenne dimensions obtenue de part et d'autre.

Les taillis simples ne donnent pas de bois d'œuvre ou ne donnent que des bois d'œuvre de faibles dimensions. Les saules des oseraies, exploités à 1, 2 ou 3 ans, servent, il est vrai, à la vannerie ; — les micocouliers sont coupés à 5 ans pour faire des manches de fouets ; — les châtaigniers à 8, 10, 12 ans pour fournir des échalas ; — les noisetiers, à peu près au même âge pour donner des cercles à tonneaux ; — les chênes, les charmes, les bois blancs, recépés entre les âges de 20 à 30 ans sont utilisés, dans certains bassins, comme perches à mines : mais ces marchandises dont les unes sont sans grande valeur spécifique et dont les autres constituent plutôt des produits industriels que des produits forestiers, ces marchandises, disons-nous, forment une faible fraction du rendement des taillis simples et l'on peut affirmer que presque toute la possibilité de cette classe de forêts est utilisée comme bois de chauffage.

Dans les taillis sous futaie, la quantité de bois d'œuvre obtenue est plus considérable, en raison des bois gros et moyens que fournissent les arbres de la réserve. La proportion varie naturellement avec l'importance de la réserve, mais d'après les évaluations les plus favorables, elle atteint à peine 25 p % dans les taillis soumis au balivage normal.[1] Tel est le maximum indiqué par M. Clavé. M. Tassy ne donne même que le chiffre de $\frac{1}{6}$ soit 17 %.–[2]

Dans une forêt traitée en futaie cette limite est sensiblement dépassée, et, suivan M. Tassy,[3] la part du produit afférente au bois d'œuvre, qui peut s'élever parf aux 3/4 et même aux 4/5, doit être estimée en moyenne à 50 p % du produit total.–

§ 293.– On a essayé d'établir antérieurement (§ 286) que la production tot en matière des forêts traitées en futaie est plus grande que celle des taillis. Nou venons de voir à l'instant que la proportion de bois d'œuvre obtenue est égalem plus forte. Il faut conclure de là que la quantité absolue de bois d'œuvre récolt annuellement est aussi plus considérable

Quant à la quantité absolue de bois de feu réalisée, on a généralement recon qu'on ne saurait dire d'une façon générale qu'elle est plus grande dans les forêts traitées en futaie que dans celles qui sont exploitées en taillis. En effet, il peut se faire que la différence absolue entre la production totale d'une futai et la production totale d'un taillis soit, dans certains cas, assez faible, pour que la plus forte proportion de bois de feu donnée par le taillis compense l'infériorité de son rendement total.

C.– Etat des produits.– § 294.– Après la nature des produits, et en dehors d'elle, il y a aussi à considérer l'état des produits. On entend par là le nombre plus ou moins grand de vices ou de défauts qu'ils présentent[4]; quelquefois aussi on considère, à ce propos, leur forme générale.

---

1) Les taillis sous futaie soumis au balivage normal sont précisément ceux dont nous nous occup c'est-à-dire ceux où la réserve couvre au plus 1/3 de la coupe à l'approche de l'exploitation.–

2) Etudes sur l'aménagement. Paris. Rothschild 1872, p. 139 et 168.

3) Ibidem, pages 139 et 168.–

4) Nous distinguerons les vices des défauts en disant que les premiers sont des causes de dépréciation de l'ordre physiolog et pathologique consistant dans une décomposition des tissus ligneux tandis que les seconds résident dans une simple a de la structure anatomique.

Lorsqu'il s'agit des bois de feu, l'état est presque négligeable. Il est au contraire très important quand il s'agit des bois d'œuvre.

Or, en ce qui concerne ces derniers, les forestiers qui ont développé le présent parallèle ont dit qu'à volume égal de bois d'œuvre, la proportion de bois sains et bien conformés est beaucoup plus grande dans les futaies pleines que dans les taillis-sous-futaie et notamment les chênes : leurs cîmes ayant beaucoup d'espace pour se développer se garnissent de fortes branches, un grand nombre de celles-ci meurent par l'effet du couvert de quelqu'arbre voisin ou par suite de la production de branches gourmandes sur le fût ; et chacun de ces chicots de bois mort est généralement le point de départ d'une pourriture. — De plus les gourmands, même lorsqu'ils n'amènent pas indirectement des vices de ce genre, produisent souvent dans les troncs des nœuds vifs qui déprécient le bois pour certains usages. Enfin, les racines placées dans un sol alternativement couvert et dénudé souffrent aussi de ces changements brusques et déterminent la carie du pied de l'arbre. —

§ 295. — Pour montrer que les chênes absolument sains et propres aux grands emplois ne forment que l'exception, dans les taillis-sous-futaie, on a cité le fait suivant :

On sait que la Marine ne tire guère que des taillis-sous-futaie, les bois dont elle fait usage et qu'elle ne se sert que de pièces de choix bien conformées et exemptes de vices. Or, vers 1850, à l'époque où les constructions navales se faisaient encore toutes en bois, on a estimé que les 500 000 hectares de taillis-sous-futaie domaniaux que possédait alors la France, ne pouvaient fournir annuellement que 20 000 mètres cubes en grume de bois de marine, soit 1 m.c. par 25 hect. et par an. D'autre part, disait-on, la production annuelle totale en bois d'œuvre chêne de l'hectare de taillis-sous-futaie peut bien être évaluée à 1/2 m.c. soit 12.5 m.c. par 25 hectares. Il n'y aurait donc, dans les taillis-sous-futaie, que 1/12, soit environ 8 p %, de bois de choix. —

§ 296. — A propos de l'état des produits, on s'est aussi occupé de la forme générale des tiges et l'on a fait remarquer que les troncs de bois d'œuvre provenant des futaies pleines sont, toutes circonstances égales d'ailleurs, plus longues que celles qui proviennent des arbres de réserve des taillis-sous-futaie, ce qui donne encore une supériorité aux forêts de la première catégorie. —

D. — Qualité des produits. — § 297. — La qualité des bois réside dans leurs propriétés techniques, dans leur aptitude, lorsqu'ils sont sains et exempts de défauts, à servir à tel ou tel emploi. — Ainsi un bois est lourd, nerveux, élastique, dur, etc. ou bien au contraire, il est léger, peu résistant à la traction, à la flexion, mou, etc., voilà les propriétés qui constituent sa qualité. —

Il y a lieu d'examiner l'influence des régimes à ce point de vue, d'abord en ce qui concerne les bois de feu, ensuite en ce qui concerne les bois d'œuvre. —

a) Bois de feu. § 298. — Voici les assertions qu'on a généralement émises au sujet des bois de feu. Le maximum de qualité des bois de feu se produit vers l'époque où ils atteignent la moitié de leur longévité, qu'il s'agisse de peuplements de semence élevés en futaie ou de peuplements de taillis. Or, pour les premiers, cette époque coïncide à peu près avec l'âge de 100 ans (car la longévité des brins de semence est d'environ 200 ans) et, comme d'autre part, les futaies sont exploitées d'ordinaire, à leur maturité, c'est-à-dire vers 150 ans, elles ne donnent pas de bois de feu de qualité maximum. — Dans les taillis la longévité des sujets n'est plus guère que de 100 à 120 ans; l'époque de la mi-longévité tombe donc, pour eux entre 50 et 60 ans; mais on les exploite toujours avant cet âge; leur bois ne présente donc pas non plus le maximum de qualité pour le chauffage. — Ainsi ni le sous-bois des taillis ni les futaies exploitables ne fournissent les meilleurs bois de feu.

Toutefois, ajoutait-on, ce desideratum se trouve réalisé par certains produits dans les deux sortes de forêts. Ainsi, dans les taillis-sous-futaie, on exploite souvent entre 75 et 100 ans des brins de semence ou des rejets de jeunes souches marqués jadis comme baliveaux modernes, et ces arbres, qui fournissent déjà du bois de quartier, sont d'autant meilleurs pour le chauffage qu'ils ont crû à l'état isolé et que leur bois est bien lignifié. — Dans les forêts traitées en futaie pleine, les coupes d'amélioration enlèvent aussi parfois des sujets arrivés à mi-longévité; or ces arbres ne sont pas nécessairement malingres: ce peuvent être par ex. des hêtres vigoureux qui avoisinaient un chêne. —

b) Bois d'œuvre — § 299. — En ce qui concerne les bois d'œuvre, la qualité est une condition plus importante que pour les bois de feu, parce que les premiers sont plus chers et que leurs prix sont sujets à plus de variations suivant leurs aptitudes aux divers emplois. —

Remarquons tout d'abord qu'il n'y a pas de comparaison à établir entre les qualités des menus bois d'œuvre que donnent les taillis simples et les qualités des bois de grosses dimensions que fournissent les futaies pleines: ces deux sortes de marchandises sont trop dissemblables.

Dès lors, les seuls bois d'œuvre qu'il y ait lieu de comparer sont ceux qui, étant supposés de même grosseur, proviennent les uns d'arbres de réserve de taillis-sous-futaie, les autres de futaies pleines.

Cela posé, nous constatons que, à dimensions égales, les bois d'œuvre d'une même essence n'ont pas les mêmes qualités suivant qu'ils proviennent du régime du taillis ou de celui de la futaie. — Dans les taillis-sous-futaie, les arbres de réserve étant isolés ont une cime large et soumise à une insolation complète; leur végétation est plus active; les couches annuelles sont plus développées et mieux lignifiées que chez les arbres de futaie. Aussi le bois des chênes qui ont crû dans les taillis-sous-futaie est-il plus nerveux, plus élastique, plus dense, plus résistant et plus durable que le bois des chênes de futaie pleine : c'est le bois de construction par excellence. Le bois de chêne provenant d'arbres élevés en futaie pleine n'est guère apte à la construction des vaisseaux : il est trop tendre il est même souvent mou. Sans doute l'excès de cette propriété peut être évité, dans le traitement en futaie, si l'on a soin de faire les éclaircies telles que les réclame l'essence considérée ; mais jamais, dans une futaie pleine, on n'isole les chênes autant que dans un taillis-sous-futaie ; de sorte que le bois de chêne provenant de la première sera toujours plus tendre que celui qu'on tire du second. —

§ 300. — Il semblerait, d'après cela, que, au point de vue de la qualité, le régime de la futaie présentât une infériorité réelle vis-à-vis de celui du taillis. Il n'en est rien, parce que le bois de chêne des futaies a, en revanche, d'autres qualités. Il se fend mieux, se travaille mieux sous la varlope et le ciseau, se déjette et se crevasse moins, prend moins de retrait et est plus beau dans les emplois de luxe. Le chêne des futaies pleines est donc supérieur à celui des taillis-sous futaie comme bois d'industrie.

Or, la consommation demande aujourd'hui beaucoup plus de bois d'industrie que de bois de service, ce dernier ayant pour succédané le fer. — On a vu, en effet, dans le cours de Statistique forestière, que, en France, l'excédent des importations sur les exportations n'a correspondu, en 1876, qu'à un volume de 6000 m.c. grume pour ce qui regarde les charpentes chêne, tandis, qu'en ce qui concerne les sciages chêne l'excédent s'est élevé à 50000 m.c et, en ce qui concerne le merrain chêne, à 520000 m.c.

Par conséquent, en considérant les choses de haut, au point de vue de la consommation générale de la France, on peut dire que le bois d'in chêne des futaies pleines a une qualité supérieure par rapport à celui des taillis sous futaie. –

Ce qui prouve d'ailleurs qu'il est plus recherché, c'est que les billes propres au travail atteignent un prix plus élevé que les troncs de service.

III. – Considérations financières. –

§ 301. – Les considérations financières sont relatives au revenu en argent et au taux de placement. –

Il est d'ailleurs à prévoir que les effets du régime sur ces deux éléments de comparaison dépendent de ses effets culturaux et économiques. –

A). – Revenu ou Rente forestière. – § 302. –

Le revenu dont il s'agit dans cette comparaison est le revenu de la forêt considérée comme une entité, revenu que nous appellerons par abréviation revenu forestier, et qu'on nomme généralement en France revenu annuel moyen.

On ne spécifie pas toujours si ce revenu est brut ou dégagé des frais de création, de gestion et d'impôt, si c'est, en d'autres termes, le revenu forestier brut ou le revenu forestier net, la rente forestière (§ 119). Mais, les frais d'impôt et de gestion étant annuels et constants, quelle que soit la révolution adoptée, on peut, à volonté, soit les négliger, soit en tenir compte, pourvu qu'on procède de la même façon de part et d'autre. – Quant aux frais de création, nous savons qu'ils sont toujours supposés nuls, en France, en raison de la préférence que l'on donne systématiquement à la régénération naturelle. – Dans ces conditions, peu importe que l'on compare les revenus bruts ou les rentes forestières.

Constatons aussi qu'en parlant du revenu on n'a souvent en vue que le revenu principal et qu'on néglige les produits des éclaircies. –

§ 303. — Pour effectuer la comparaison, c'est-à-dire constater l'influence du régime sur le revenu, on peut, comme nous l'avons vu, à propos de l'exploitabilité relative à la plus grande rente (§§ 176 et 177), supposer avoir affaire soit à deux forêts normales de même contenance et situées dans la même station, mais traitées l'une en futaie et l'autre en taillis, soit à deux peuplements exploitables de même contenance pris dans chacune de ces forêts. En effet, les expressions du revenu obtenu dans l'une ou l'autre hypothèse ne diffèrent que par un facteur constant : la contenance de la forêt. —

§ 304. — Ainsi soient 2 forêts normales de surface S, l'une traitée en futaie, à la révolution N et fournissant à l'hectare le revenu forestier R, l'autre traitée en taillis à la révolution n, et fournissant le revenu r. Les revenus forestiers de ces deux forêts seront respectivement $\frac{S}{N} \times R$ et $\frac{S}{n} \times r$ et ceux de deux peuplements exploitables de 1 hectare pris dans chaque forêt $\frac{R}{N}$ et $\frac{r}{n}$.

Voilà donc deux couples de quantités entre lesquels on pourra choisir pour faire la comparaison. —

Remarquons de plus que, si l'on a, par hasard, $N = n\,p$, p étant un nombre entier, les deux termes du 2me couple s'écrivent immédiatement $\frac{R}{n\,p}$ et $\frac{r}{n}$ expressions qu'il est permis de remplacer par $\frac{R}{p}$ et r ou par R et pr.

Ce qui montre qu'à la comparaison des revenus annuels moyens à l'hectare on peut substituer parfois, la comparaison des revenus périodiques, pourvu qu'on multiplie au préalable le revenu du taillis par une quantité convenable

§ 305. — Soit, par exemple, une forêt de 100 hectares, qui, traitée en taillis, à la révolution de 25 ans, donne 1300.f à l'hectare, et, traitée en futaie, à la révolution de 150 ans, donne 12000.f à l'hectare. On pourra comparer à volonté :

$$\frac{100}{150} \times 12\,000 = 8\,000^{f} \quad \text{à} \quad \frac{100}{25} \times 1300 = 5\,200^{f}$$

$$\text{ou bien } \frac{12\,000}{150} = 80^{f} \quad \text{à} \quad \frac{1300}{25} = 52^{f}$$

$$\text{ou bien encore } 12\,000 \quad \text{à} \quad \frac{150}{25} \times 1300 = 7.800^{f}$$

§ 306. — Cela posé, voyons ce qu'on a l'habitude de dire au sujet des revenus comparés du taillis et de la futaie.

Pour plus de simplicité, supposons avoir affaire à un hectare exploité périodiquement en taillis, et à un autre hectare, placé dans les mêmes conditions de production mais exploité périodiquement en futaie. Soient n et $N = np$ les deux révolutions respectivement appliquées et r et R les revenus forestiers correspondants. —

On part de ce fait que r et R sont des fonctions de la quantité et de la valeur spécifique des produits, par conséquent aussi de leur nature et de leur qualité. —

Or on a démontré (§§ 286 et 287) que la quantité de produits obtenue, dans un temps donné, par le régime de la futaie est plus grande que celle qu'on récolte dans l'exploitation en taillis. On a établi, en d'autres termes que le volume de matière ligneuse dont la valeur est pr est plus petit que le volume correspondant à R. —

On a démontré aussi (§ 292) que la forêt traitée en futaie donne des gros bois d'œuvre en quantité considérable (55 % en moyenne) tandis que le taillis sous futaie donne fort peu de gros bois d'œuvre (20 p. % au maximum) et produit surtout de menus bois de service et du chauffage.

D'autre part, on sait que le prix du gros bois d'œuvre est beaucoup plus élevé que celui du menu bois d'œuvre et du bois de feu. (Le m.c. de chêne exploitable dans une futaie pleine vaut par exemple 50^{f} sur pied, tandis que le m.c. de chêne destiné au chauffage vaut tout au plus 10^{f}) Dès lors, le <u>prix moyen</u>, <u>à l'unité de volume</u>, des produits de la futaie pleine est beaucoup plus élevé que le prix moyen des bois de taillis. Il est, du reste, majoré, dans la futaie pleine, par l'état des produits (§§ 294 à 296) et par leur qualité (§§ 299 et 300).—

La conclusion finale est facile à tirer : la quantité de bois récoltée d[ans] la futaie pleine étant plus considérable que celle que procure le taillis et le prix du mètre cube étant plus élevé, il est clair que le revenu est au[ssi] plus grand.

Pour en revenir à notre schema le raisonnement ci-dessus prouve [que] l'on a toujours l'inégalité pr < R.—

§ 307.— Cette démonstration se vérifie sur des exemples empruntés à la pratique courante, tels que ceux-ci :

Une coupe de taillis-sous-futaie à balivage normal (§ 292 ad not[am]) exploitée à 25 ans dans un esprit conservateur, c'est-à-dire avec une ré[ser]ve aussi importante que celle de la révolution précédente, vaut raremen[t] sur pied, plus de 1400 f à l'hectare, y compris les arbres abandonn[és] à l'adjudicataire. D'autre part l'hectare de futaie feuillue vaut gé[né]ralement sur pied à 150 ans, de 10.000 à 20.000 f.

Comparons les revenus fournis par les deux régimes en un temps donné, et mettons-nous dans les circonstances les plus défavorables pour la futaie. Multiplions le produit maximum du taillis-sous-futaie 1400 f par $\frac{150}{25} = 6$; nous obtenons 8400 frs., chiffre inférieur au revenu minimum 10.000 frs. de la futaie.—

Et encore n'avons-nous pas tenu compte des produits des coupes d'amélioration qui sont quelquefois très considérables dans la forêt [taillis sous] futaie, et qui sont généralement très faibles ou même nuls dans les taillis.—

§ 308.— D'ailleurs on peut invoquer de hautes autorités à l'appu[i] de la conclusion à laquelle a conduit le raisonnement développé ci-dessus (§ 306).

M. Léonce de Lavergne a déclaré quelque part[1] que les taillis de la France, pris en bloc, donnaient, en moyenne 25 frs. de produits bruts par hectare et par an, tandis que le régime de la futaie permet d'obtenir et donne souvent 100 frs. de produits bruts par hectare et par an. Il ajoute que les frais à déduire du produit brut pour obtenir le produit net (ce que nous appelons la rente forestière) peuvent être évalués à 10.f par hectare et par an, pour les taillis comme pour les forêts traitées en futaie, et il en conclut que le revenu net annuel moyen de nos taillis serait de 15 frs à l'hectare, et celui de nos forêts traitées en futaie de 90 frs. — Les écrits de M. Tassy renferment des évaluations analogues. —[2]

B. — Taux de placement et rente foncière. — § 309. D'après ce qui précède, les forêts traitées en futaie fournissent (en général, sinon toujours) un revenu annuel moyen plus grand que les taillis, surtout que les taillis simples. Mais, ont dit les forestiers qui se sont livrés au présent parallèle, lorsqu'une exploitation forestière est considérée du point de vue financier, c'est-à-dire comme un placement de fonds, le revenu annuel moyen ne donne pas à lui seul la mesure des avantages réalisés ; il faut encore comparer d'autres éléments.

On peut faire voir de diverses manières la justesse de cette assertion.

§ 310. — Soit un hectare exploité en taillis à 25 ans, qui fournit, en 150 ans, 6 revenus r tels que l'on ait $6r < R$, R étant le revenu du même hectare exploité en futaie à 150 ans. —

---

1) Revue des Deux Mondes, 1855-56 (?)

2) Voir notamment Les Taillis et les Futaies, Revue des Eaux et Forêts, 1880, p. 59 et suiv.

182\. La somme r, touchée une première fois au bout de 25 ans, ne doit pas être suppo[sée] enfouie à partir de cette époque et destinée à chômer. Elle est en général empl[oyée] d'une façon quelconque, soit dans un placement industriel, commercial, agricol[e,] forestier, soit à la construction d'une route, d'un chemin de fer, [d']un port etc. Elle peut donc être productive à son tour de revenus annu[els.] Or, si elle produit des revenus, elle fonctionne évidemment à un certain t[aux] de placement, le taux étant, par définition, le rapport entre le revenu annuel et le Capital générateur. —

Tantôt ce taux sera très élevé, tantôt très faible; il sera même nu[l] quand la dépense n'aura pas été reproductive, mais il est légitime d'adm[ettre] qu'en moyenne il est égal au taux t des placements forestiers dans la localité considérée. —

Dès lors, pour savoir si le régime de la futaie est plus avantageux au point de vue financier que celui du taillis, il ne suffit pas que l'on ait $R > 6r$; il faut qu'on ait aussi

$$r\,(1,0t)^{125} + r\,(1,0t)^{100} + r\,(1,0t)^{75} + r\,(1,0t)^{50} + r\,(1.0t)^{25} + r < R$$

§ 311. — On peut également présenter la chose de la manière suivante:

Soient deux forêts normales de même contenance et situées dans la mê[me] station, mais traitées, l'une en futaie à la révolution de 150 ans, l'aut[re] en taillis à 25 ans. Appelons R le revenu net annuel de la 1ère forê[t] (sa rente forestière) et C son capital d'exploitation. Désignons par r et [c] les quantités correspondantes dans la seconde forêt. Représentons enfin par S la valeur du sol nu, qui est, par hypothèse, égale de part et d'aut[re.]

Lors même que l'on a $R > 6r$, il peut se faire que le taux de placem[ent] dans la forêt traitée en futaie, qui est, par définition $\frac{R}{C+S}$, soit plus petit que le taux de placement du taillis, lequel est $\frac{r}{c+S}$. En effet, C est [de] beaucoup supérieur à c, (§§ 279 et 205) Or il n'est pas indifférent, au point de vue financier, que le taux auquel fonctionnent les valeurs engagé[es] dans une forêt soit petit ou grand. S'il est plus petit dans le cas où l'on applique le régime de la futaie, on a intérêt à réaliser la portion du matériel sur pied inutile pour le traitement en taillis de la forêt considérée, et à placer la somme obtenue dans une autre forêt également traitée en taillis. Conformément à ce que nous avons vu (§ 272) cette opération donnera un revenu plus considérable sans que les capitaux engagés aient été augmentés d'un centime.—

§ 312.— On pourrait invoquer d'autres raisons encore pour faire voir que la comparaison des revenus annuels moyens ou rentes forestières est insuffisante. En somme, ces raisons se résument toutes dans le fait que nous avons déjà signalé au § 181, à savoir que la conception de la rente forestière est erronée au point de vue mathématique. Nous conclurons de là qu'il faut comparer également soit les rentes foncières obtenues dans les deux régimes, soit les taux de placement.

Comme cette dernière conception est depuis longtemps la seule qu'aient envisagée les forestiers français[1] c'est aussi la seule qui, jusqu'aujourd'hui, ait été utilisée pour le présent parallèle.— Mais en reproduisant à grands traits les considérations auxquelles le taux de placement a donné lieu, nous ferons observer qu'il y aurait un avantage, selon nous à les remplacer par des réflexions sur la rente foncière qui nous semble être la base d'une théorie à la fois plus simple et plus suggestive.[2]—

§ 313.— A l'inverse de ce qui a lieu pour le revenu annuel moyen,

---

1) On a vu (§ 121 ad notam) que la véritable définition de la rente foncière figure au § 359 de la 3e édition du cours de Culture de MM. Lorentz et Parade publiée en 1855. Mais dès le § 374 de cette même édition, apparaît la conception du taux de placement juxtaposé à celle de la rente, et, dans les éditions postérieures, la théorie du taux de placement se substitue à la théorie de la rente, à tel point que le mot rente y perd sa signification primitive pour prendre le sens de taux de placement.

2) Voir §§ 121–123 et 184–216.

le taillis, déclarent les auteurs du parallèle, a l'avantage sur la futaie en ce qui concerne le taux de placement, et ils constatent le fait tantôt en examinant ce qui se passe dans deux forêts normales traitées l'une en futaie l'autre en taillis, tantôt en étudiant un peuplement d'un seul âge. Nous savons d'ailleurs (§ 143 ad notam) que les deux procédés conduisent au même résultat; l'essentiel est, ce qu'on n'a pas toujours fait, de bien préciser l'hypothèse dans laquelle on se place. —

§ 314. — Prenons d'abord le cas de deux forêts normales. Considérons d'un côté un taillis simple formé par ex. de 20 coupes d'âges gradués, dont la plus vieille possède, du reste, déjà une valeur marchande assurée. Le propriétaire aura un revenu annuel peu élevé; mais le capital engagé sera faible; dès lors le taux de placement sera assez fort et pourra monter jusqu'au taux admis dans chaque localité pour les terres arables ou les biens-fonds en général, soit jusqu'à 3 ou 4 % — Considérons d'un autre côté une forêt de même étendue et de même station, mais traitée en futaie au terme de l'exploitabilité économique, par ex. à la révolution de 160 ans, et présentant 160 peuplements d'âges gradués. Sans doute le revenu annuel qu'on en tirera sera considérable, mais il s'y trouvera accumulé un matériel si énorme que le taux de placement y descendra souvent au-dessous de 2 p %, de 1 ½ % et parfois plus bas encore. —

Pareils faits, disent les auteurs du parallèle, seront constatés chaque fois qu'on comparera un taillis à une forêt traitée en futaie, avec cette restriction que l'écart entre les taux de placement sera diminué lorsque le taillis, au lieu d'être simple, sera composé. —

§ 315. — Supposons ensuite avoir affaire à un seul peuplement couvrant l'unité de surface et passant par les différentes phases de son existence, d'abord celles qui correspondent aux révolutions de taillis, puis celles qui coïncident avec les révolutions de futaie. C'est le système de M. Broilliard[1]. —

D'après ce système (§ 272), l'on admet, comme dans le système de la rente foncière, que la valeur R du peuplement à un âge quelconque n est relié à la valeur c du sol forestier par la relation

$$R = C\left\{1,0t^{n} - 1\right\}$$

où t représente le taux des placements forestiers dans la localité; en d'autres termes, on assimile la valeur d'un peuplement d'un seul âge au revenu d'un certain capital-sol placé à intérêts composés.

Si l'on prend C comme inconnue et si l'on attribue à R des valeurs déterminées par expériences et correspondant aux différents âges n par lesquels passe le peuplement, on constate, avons-nous vu, que C présente un maximum.

Si maintenant on prend t comme inconnue et si on donne à C sa valeur maximum, on trouve que t est maximum précisément à l'époque où avait lieu tout à l'heure le maximum de C. —

Or, et voici le point capital du raisonnement, l'époque à laquelle on exploite les taillis simples (15 à 35 ans) est, en fait, voisine de celle où t est maximum, tandis que l'époque à laquelle on coupe les futaies (100 à 200 ans) tombe loin dans la phase décroissante de t.

Donc on peut dire que la somme d'argent engagée dans un hectare de terrain forestier traité en taillis simple fonctionne à un taux supérieur à celui auquel fonctionne le capital engagé dans un hectare où on laisse croître les bois en futaie. —

Si, au lieu de considérer un taillis simple, nous considérons un taillis composé, la même constatation se fera encore, parce que, il faut

[1] Nous avons vu (§216) que dans le calcul du taux auquel fonctionne une forêt normale on est obligé d'attribuer au sol et aux peuplements non encore commercables des valeurs plus ou moins arbitraires, et que cette difficulté disparaît lorsqu'on déduit la valeur du sol de celle des peuplements par la formule des intérêts composés. C'est ce qui fait la supériorité du système de M. Broilliard sur le système précédent. —

bien de le rappeler, le seul type de taillis composé que l'on admette dans le présent parallèle est celui où la réserve couvre au plus le tiers du terrain : Or cette forme de peuplement se rapproche plus du taillis simple que de la forêt traitée en futaie. —

Remarques diverses. — § 316. — On peut répéter ici la réflexion de M. Broilliard que nous avons déjà eu l'occasion de placer à propos du rôle des forêts domaniales (§ 256), à savoir que le taux peu élevé auquel fonctionnent les capitaux consacrés à l'éducation des futaies ne rend point les placements en futaie aussi inférieurs qu'on pourrait le croire au premier abord aux placements mobiliers. — Il ne faut comparer, en effet, que les placements qui sont effectués de part et d'autre à longue échéance, à 150 ans par exemple. Or, quelle est la maison de crédit ou l'établissement industriel capable de rembourser au bout de 150 ans, un capital grossi de ses intérêts composés au taux de 5, de 4 ou même de 3 % ? — Pendant ce long temps, la somme prêtée courrait des risques considérables et réclamerait, de plus, pour fructifier entre les mains de l'emprunteur des soins très éclairés et très assidus. — Les placements en bois à longue échéance sont, au contraire très sûrs, et exigent peu de travail, peu de surveillance pour être productifs. — La forêt traitée en futaie à longue révolution est la meilleure des caisses d'épargne et il y a même lieu de se féliciter que le taux n'y soit pas encore plus bas qu'il n'est et qu'il atteigne parfois 2 %. —

§ 317. — M. Broilliard a fait observer aussi [1] que la faiblesse du taux auquel fonctionnent les forêts traitées en futaie tient à la hauteur avec laquelle croissent les bois, au long espace de temps nécessaire pour produire

[1] Cours d'aménagement, page 36, à la fin du 3e alinéa. —

des gros bois. —

En effet, considérons une forêt normale, et supposons un instant que les bois y poussent avec une rapidité extrême, que, par ex. ils augmentent de 0$^{m.}$10 sur le diamètre, en un an. Il ne faudrait, dans cette forêt, que des peuplements d'âges gradués de 1 à 7 ans, pour pouvoir y abattre tous les ans une futaie formée d'arbres de 0$^{m.}$70 de diamètre. Dans ces conditions, le capital engagé serait plus petit qu'il n'est en réalité dans les forêts traitées en futaie, même si les prix correspondant aux différents diamètres n'avaient pas changé, et, en fin de compte, le taux, ou rapport du revenu au capital serait plus élevé. —

On démontrerait la même chose en suivant un seul peuplement à travers les phases de son existence. S'il poussait plus vite qu'il ne fait en réalité, les gros bois se produiraient plus tôt; dès lors étant donnée l'expression $\frac{R}{1,0t^{n}-1}$ on verrait se réaliser plus tôt le moment où R représente la valeur d'un peuplement arrivé à l'état de futaie, et ce moment tendrait à se confondre avec celui où l'expression est maximum. Or on sait que, d'après la théorie de M. Broilliard, le maximum de l'expression $\frac{R}{1,0t^{n}-1}$ coïncide avec le maximum du taux de placement. —

§ 318. — L'observation qui précède suppose que l'on regarde comme un fait acquis la loi économique en vertu de laquelle les prix des bois croissent avec le diamètre (accroissement de qualité des allemands). Si l'on considère, au contraire comme incommutable la loi naturelle qui préside à la végétation des arbres, on peut dire, tout aussi justement, que la faiblesse du taux dans les futaies tient à la lenteur avec laquelle les prix des bois augmente en passant d'une catégorie de marchandises à la catégorie supérieure.

C'est à ce dernier point de vue que s'est placé M. Parade, qui a recherché quel prix devrait atteindre le mètre cube de bois d'œuvre pour que le taux auquel fonctionne une forêt traitée en futaie se maintînt à un chiff[re] élevé, voisin du taux de capitalisation maximum des revenus fonciers.[1] —

Il suppose une forêt de chêne d'une contenance de 140 hectares, traitée en futaie à la révolution de 140 ans, et parfaitement normale, c'est-à-dire couverte par surfaces égales de bois de 1 à 140 ans. —

Cela fait, attribuant aux peuplements des différents âges des volumes qu'il tire des tables de production de Cotta, admettant une certaine propor[-]tion entre les produits principaux et le rendement des éclaircies, adoptant enfin pour les bois des prix spécifiques croissant d'une façon notable avec les dimensions, il arrive à établir que le taux de placement dans cette fo[rêt] ne dépasserait pas 3 p %, lors même que le prix moyen du mètre cube en gr[os] dans l'arbre exploitable serait de 160.f, ce qui porte le prix du mètre cube de bois d'œuvre à 200.f au moins. — Et encore M. Parade néglige t. d[e] la valeur du fonds dans l'estimation du capital engagé. —

§ 319 — Après avoir qualifié, avec raison, ces prix de calamiteux M. Parade combat l'erreur commise par Mathieu de Dombasle lui-même et qui consiste à croire que la cherté extrême des gros bois aurait pour conséquence la conservation des futaies entre les mains des particuliers. Comme le fait voir M. Parade, la spéculation peut toujours espérer obt[enir] de la destruction des futaies un bénéfice plus grand que de leur maintien. C'est ce qui est arrivé toutes les fois que l'État a aliéné des forêts trai[tées] en futaie.

Ainsi la hausse du taux de placement serait incapable d'assurer l[a] production des gros bois d'œuvre par l'industrie privée : Toutefois il fa[ut] reconnaître qu'elle serait plutôt de nature à engager les particuliers

1) Voir cours de culture 6e édition, §§ 643 et suivants. —
2) M. Broilliard rappelle ces vérités d'une façon sommaire, à la page 36 de son cours d'aménagement. —

à adopter de longues révolutions qu'à les en détourner. En fait, maintenant que le prix des bois d'œuvre moyens est devenu sensiblement plus élevé que celui des petits bois d'œuvre et de bois de chauffage et que, par suite, leur production est devenue un peu plus rémunératrice au point de vue du taux, un certain nombre de propriétaires intelligents tendent à marquer dans leurs taillis plus de baliveaux que par le passé. —

§ 320. — D'ailleurs nous savons [1] que si, dans l'état actuel de la société française, les particuliers sont, en général, peu portés vers l'éducation des futaies, cela ne tient pas seulement à la faiblesse du taux auquel elles fonctionnent. La recherche du luxe ou simplement du bien-être est souvent un obstacle à toute épargne quelconque, qu'elle revête la forme de matériel ligneux ou de numéraire. D'autrefois l'ignorance des propriétaires ou de leurs intendants s'oppose aussi au maintien sur pied des arbres ou des peuplements. Enfin les dispositions du code civil qui obligent le père de famille à partager sa forêt entre ses enfants est également nuisible à la conservation des futaies.

Supposons, en effet, qu'une forêt traitée en futaie et voisine de l'état normal soit partagée entre 4 héritiers. Il sera, en général, difficile de répartir les peuplements de façon que chaque ayant-droit reçoive une suite de bois d'âges gradués; l'un n'aura par exemple que des bois exploitables, sauf à obtenir une surface boisée moins grande, un autre n'aura que des bois d'âge moyen. Or chacun de ces deux copartageants voudra se procurer des ressources annuelles. Ils abattront donc l'un les vieux massifs, l'autre les jeunes futaies, et la forêt ne renfermera plus que des jeunes bois appelant le régime du taillis ou un traitement à peu près équivalent s'il s'agit de résineux. —

---

1) Voir §§ 237 et 238. —

§ 321. — Voilà les principales considérations que nous avions à reproduire au sujet du taux de placement comparé des futaies et des taillis.

Nous rappellerons [1], en terminant, que tout ce qui a été dit du taux de placement pourrait être répété de la rente foncière, ces deux quantités étant des grandeurs qui varient dans le même sens et de la même façon. En d'autres termes, d'après ce qui précède, la rente foncière dans les taillis est plus grande que dans les futaies. —

IV. — Conclusion. —

§ 322. — La comparaison des deux régimes ayant été faite point par point, il s'agit d'en tirer toutes les conclusions qui en découlent logiquement. Pour cela, il faut nous placer de nouveau successivement aux divers points de vue d'où nous avons examiné la question au cours du parallèle, et dire quel est, dans chaque cas, le régime à adopter, en supposant tous les autres côtés de la question indifférents à la solution. —

§ 323. — D'abord les conditions culturales spéciales à chaque forêt peuvent, à elles seules, entraîner le régime.

Ainsi, en ce qui concerne les essences, le régime de la futaie est imposé là où la forêt est et doit rester peuplée de résineux purs ou mélangés. Il est simplement recommandé lorsque la forêt est située dans la moitié Nord de la France et qu'elle est destinée à demeurer peuplée de hêtre.

En ce qui concerne le sol, quand il sera superficiel, sec, et surtout quand il sera formé de sable siliceux, il y aura un sérieux intérêt à le maintenir aussi longtemps que possible sous un couvert épais, à l'améliorer, et, par conséquent, à y appliquer le régime de la futaie. —

[1] voir § 312.

D'ailleurs, dans ce cas, on sera souvent conduit à y introduire les résineux (le pin sylvestre par ex.) ou à favoriser la végétation du hêtre, et cette circonstance entraînera à fortiori l'éducation en futaie pleine. — Dans les sols riches, le régime de la futaie n'est pas indispensable, mais il contribue naturellement à augmenter la fertilité primitive du terrain et permet d'en tirer le meilleur parti possible. —

Pour ce qui regarde le climat, on devra, toutes circonstances égales d'ailleurs, renoncer au traitement en taillis dans les régions très chaudes ou très froides; sous les climats tempérés cette méthode sera également mal à sa place là où les vents sont violents, par ex. sur le bord de la mer; enfin elle devra céder le pas au régime de la futaie lorsqu'on voudra traiter une forêt en vue d'exercer une certaine influence sur le climat local, ou d'une façon plus générale, sur les caractères physiques d'une contrée, par ex. sur la direction des vents, la formation des avalanches, la production des éboulements et des ravinements, le régime des eaux etc. —

§ 324. — Les considérations économiques ou relatives au rendement en matière, diffèrent des considérations culturales en ce qu'elles sont jusqu'à un certain point indépendantes de la forêt à aménager et tiennent à la nature du propriétaire, à ses besoins, à ses intérêts. Les conclusions à tirer à cet égard sont donc aussi, en quelque sorte, extrinsèques à la forêt. —

Si, toutes circonstances égales d'ailleurs, on ne s'occupait que de la quantité des produits et qu'on voulût obtenir le maximum de matière ligneuse en un temps donné, abstraction faite de la forme sous laquelle se présente cette matière, on aurait intérêt à appliquer le régime de la futaie. Mais nous savons que ce n'est jamais là un but qu'on se propose dans la pratique. —

En ce qui touche la nature des produits, si l'on veut récolter principalement du bois de chauffage, on traitera sa forêt en taillis, puisqu'avec ce régime la proportion de bois de chauffage est supérieure qu'avec l'au[tre]. On appliquera encore le régime du taillis si l'on veut obtenir uniquem[ent] de menus bois d'œuvre (perches à mines, cercles à tonneaux, etc) ou [des] écorces. — Mais si l'on désire surtout obtenir des gros bois d'œuvre, ne considérant les menus bois d'œuvre et les bois de feu que comme de[s] produits surérogatoires, on élèvera les peuplements en futaie. —

Pour ce qui est de l'*état* des produits, qui n'est guère intéressa[nt] que pour les gros bois d'œuvre, nous avons vu que si l'on demande à ceux-ci d'être avant tout sains et exempts de défauts, c'est égalem[ent] dans les futaies qu'on aura le plus de chance de les rencontrer. —

Arrivant enfin à la *qualité* des produits, nous distinguerons le [bois] de chauffage et le bois d'œuvre. — Ni les produits principaux des f[orêts] traitées en futaie ni ceux des taillis ne se trouvent au point de leur évolution où ils fournissent le meilleur combustible, et ce n'est qu'[une] fraction assez faible du bois récolté dans l'une et l'autre catégories de forêts qui répond à ce desideratum. Le régime paraît donc devoir être indifférent au propriétaire qui ne se préoccupe que de la qualité du bois de chauffage. Mais il n'en est plus ainsi pour celui qui réc[olte] des bois d'œuvre ayant des propriétés déterminées. S'il veut des bois de chêne denses, nerveux, élastiques, propres aux constructions terres[tres] et navales, il s'adressera aux arbres de réserve des taillis-sous-futaie. S'il veut des bois tendres, se fendant bien, donnant de beaux sciages, en un mot des bois d'industrie de premier choix, il ira les chercher dans les massifs crûs en futaie pleine. — C'est encore le régime de la futaie qu'il adoptera s'il consulte les besoins généraux de la société qui demande plus de bois d'industrie que de bois de service. —

1) Voilà la conclusion que nous devons tirer du parallèle, puisque, conformément au plan que nous avons adopté (§ 322) nous n'envisageons chaque fois qu'un des éléments du débat, en faisant abstraction des autres. Si nous nous préoccupions *simultanément* de la quantité et de la nature des produits et si nous cherchions d'une façon absolue le *maximum de bois de chauffage* que la forêt fût en état de produire nous pourrions, aux termes du § 293 hésiter entre les deux régimes. —

§ 325. — Il nous reste à donner les conclusions qui découlent des considérations financières ou relatives au rendement en argent. Celles-là aussi sont intimement liées à la nature du propriétaire.

Désire-t-on un fort revenu annuel moyen, une rente forestière élevée sans se préoccuper du capital engagé, on adoptera le régime de la futaie.

Demande-t-on, au contraire, à la forêt de fonctionner à un taux de placement aussi voisin que possible du taux maximum auquel on puisse prétendre, veut-on, en d'autres termes, en tirer le maximum de rente foncière, on l'exploitera en taillis. —

§ 326. — On voit, en somme, qu'à s'en tenir aux prémisses posées dans le parallèle, le régime du taillis n'est « indiqué », comme disent les médecins, que dans le cas où l'on veut produire du bois de chauffage ou du menu bois d'œuvre, ou encore faire fonctionner sa forêt au taux de placement maximum, en tirer la rente foncière la plus élevée. Dans tous les autres cas, il convient d'appliquer le traitement en futaie pleine.

Il est vrai que, pour arriver à ces conclusions, nous n'avons considéré chaque fois qu'un seul élément de comparaison : or, dans la pratique, il y a souvent lieu de réaliser simultanément plusieurs conditions, de sorte qu'on peut être conduit à des conclusions contradictoires. En pareille circonstance, il faudra chercher quel est le point de vue qui doit primer les autres et adopter le régime correspondant. —

§ 327. — Les forestiers qui se sont livrés au présent parallèle se sont souvent posé une question analogue à celle que nous avons résolue à propos de l'exploitabilité, et ils ont recherché quel est le régime que doit adopter en général chaque classe de propriétaires. Ils sont naturellement arrivés aux conséquences suivantes.

Le *particulier*, qui cherche avant tout à se procurer le plus de bien avec la fortune limitée dont il dispose, placera son argent au taux le plus élevé, toutes conditions de sécurité égales d'ailleurs, et traitera sa forêt en taillis, à perpétuité.

L'*Etat*, dont le rôle essentiel, comme propriétaire de forêts, est de produire en grande quantité les gros bois d'industrie nécessaires à la Société, devra élever des futaies en massif plein. —

Quant aux *communes*, leur intérêt bien compris leur commande de tirer de leurs forêts les plus forts revenus possibles, mais leur pau[vreté] les empêche en général de prendre immédiatement les mesures nécessaires pour atteindre ce desideratum : elles adopteront donc le traitement en taillis sous futaie, mais à titre provisoire, et en tendant peu à peu vers la conversion. —

§ 328. — Ces dernières réflexions confirment ce qu'on pouvait déjà prévoir depuis longtemps en raison de la manière dont le taillis-sous-futaie a été envisagé par les auteurs du parallèle : c'est qu'il y a une connexité étroite entre l'idée de régime et celle d'exploitabilité. —

Ainsi, par exemple, le régime du taillis est le corrélatif de l'exploitabilité commerciale ; l'un entraîne généralement l'autre et réciproquement ; le régime de la futaie s'associe au contraire à l'exploitabilité que nous avons appelée économique et qui a porté jusqu'à présent dans l'enseignement, le nom d'*exploitabilité composée*.

Article II. – Objections de détail à formuler au sujet de diverses assertions émises au courant du parallèle. –

§ 329. – La comparaison classique des régimes du taillis et de la futaie que nous venons de reproduire dans ses traits essentiels et d'accompagner de ses conclusions rigoureuses, n'est pas, il faut le reconnaître, à l'abri de toute critique. –

Tout d'abord, elle provoque un certain nombre d'objections de détail, relatives à diverses assertions émises au cours du parallèle. Il convient donc de repasser en revue les considérations dans lesquelles nous sommes entré dans l'article précédent, afin de signaler les points sur lesquels nous avons été trop affirmatif et d'insister sur ceux que nous avons trop laissés dans l'ombre. –

I. – Considérations culturales. –

A. – Essences. – § 330. – En ce qui concerne l'action du régime sur les essences, nous avons dit que le régime du taillis est, en général, moins favorable que celui de la futaie à la propagation du hêtre. Il résulte de là un fait qui a fini par frapper beaucoup d'observateurs judicieux, tant praticiens qu'hommes de science, et qui s'explique d'ailleurs par des considérations culturales que nous n'avons pas à développer ici. –

Ce fait c'est que, dans les régions telles que le Nord et l'Est de la France, qui appartiennent plutôt à l'aire d'habitation du hêtre que du chêne, la première de ces essences tend à constituer à elle seule les peuplements élevés en futaie et à en éliminer le chêne : celui-ci ne peut s'y maintenir que grâce aux soins minutieux de forestie[rs] consommés dans leur art, sachant conduire les coupes de ré[gé]nération de main de maître et exécuter les éclaircies sous for[me] de dégagements répétés.[1] Dans les taillis, au contraire, le chêne se consom[me] et se multiplie facilement par le simple effet de la méthode, même lorsqu['] elle est appliquée par des agents d'une instruction professionnelle et d'u[ne] clairvoyance ordinaires, pourvu, bien entendu, que le sol ne soit point de ceux qui se refusent absolument au traitement en taillis; que, lors du balivage, on marque toujours des chênes comme arbres de réserve, de pré[fé]rence aux autres essences, enfin que la révolution ne soit point trop longue.[2]

---

1) La peine qu'on a à élever le chêne côte à côte avec le hêtre en massif plein, ou, d'une faço[n] générale, la difficulté qu'il y a à protéger les <u>essences de lumière</u> au milieu des massif[s] <u>d'essences d'ombre</u> n'a pas seulement été constatée en France. Elle a été signalée il y a déjà [une] trentaine d'années en Allemagne où Charles Heyer a formulé sa remarquable théorie de la végétation des peuplements mélangés (« <u>Verhalten der Waldbäume gegen Licht und [Sch]</u> <u>Erlangen 1852</u>). C'est, à cause de ces difficultés incessantes que M. Ch. Geyer, de Munich [a] proposé son système des <u>compartiments</u> de chêne pur et de hêtre pur qu'on pratique [...] sur une vaste échelle en Bavière, notamment dans la forêt du Spessart. — D'autres fo[restiers] éminents, comme M. Weise, de Carlsruhe et M. Landolt de Zurich, pour ne citer q[ue] ceux qui occupent des chaires importantes, admettent même que le maintien du traitement [en] taillis-sous-futaie sur les sols aptes à être découverts est encore le meilleur moyen conn[u] pour assurer au chêne les conditions que réclame son tempérament. —

2) Le maintien et la propagation du chêne dans les taillis a évidemment pour corollaire la disparition [du] hêtre des forêts autrefois traitées en futaie pleine et qu'on a converties depuis en taillis. Cette sorte de contre-épreuve a été faite dans la forêt de Retz. Certains cantons de cet important massif étaient oc[cupés] avant 1600 par des futaies de hêtre pur; ils ont été convertis vers cette époque en taillis-sous-futaie, et [au]jourd'hui le hêtre n'y figure plus que dans une proportion insignifiante. —

Il est vrai que l'on a quelquefois assuré, contrairement à ce qui précède, que le chêne dispar[aît] des taillis. Le fait a pu, en effet, être constaté dans quelques forêts, mais il paraît être exceptio[nnel] et tenir le plus souvent à l'une ou à l'autre des deux causes suivantes :

Tantôt le sol est siliceux et pauvre, de sorte que l'interruption fréquente d'un couvert déjà léger pa[r] lui-même y amène l'envahissement des bruyères, des fougères et des airelles, qui font disparaître [non] seulement le chêne mais encore la végétation forestière en général. Tantôt le sol comporte le trait[ement] en taillis sous futaie, mais, lors des balivages, on a réservé principalement des hêtres, des charmes ou des sujets d'une essence quelconque autre que le chêne. Or il est bien entendu une fois pou[r] toutes que le régime du taillis n'est point à sa place sur les sables purs et d'autre part on ne saurait en bonne conscience reprocher à cette méthode, des effets qui sont dûs à un balivage absolument contraire à l'esprit dans lequel elle doit être appliquée.

§ 331. — Or, dans tout art quelconque, surtout dans l'art forestier, il faut pour juger un procédé, tenir compte des difficultés pratiques que rencontre son application.

Sans doute, il est permis d'espérer qu'avec les progrès de la sylviculture et des connaissances techniques des agents, on arrivera peu à peu à triompher de ces obstacles : ainsi il est certain que l'on recueille des indications de plus en plus nombreuses sur la façon dont il convient de faire les coupes de régénération successives dans les vieux massifs et d'exécuter les nettoiements dans les jeunes bois ou les éclaircies dans les peuplements d'âge moyen. Mais la manière de conduire ces opérations ne semble pas encore consacrée par une expérience suffisante, car la régénération par coupes successives n'est guère appliquée en France, sur une vaste échelle, que depuis 1850, et le dégagement des chênes dans les perchis et les jeunes futaies n'a commencé à être pratiqué qu'après 1870; la plupart de nos massifs actuels ont été créés par des coupes de régénération uniques, et les éclaircies y ont porté principalement sur les perches dominées.

B. — Sol. — § 332. — Nous avons établi que le régime de la futaie améliore plus le sol que celui du taillis. Mais il faut se garder de croire que, sous l'influence de ce dernier, le sol se dégrade toujours et fatalement. —

Il y a des terrains d'alluvions, sur les bords des fleuves, qui restent perpétuellement fertiles, malgré le régime du taillis, grâce à l'humidité que leur assure le voisinage d'un cours d'eau, et, parfois

---

Ces deux circonstances éliminées, nous croyons que la disparition du chêne n'est nulle part un résultat fatal de l'application du régime du taillis et qu'en général la loi énoncée plus haut est vraie. Tel est aussi l'avis de M. Broilliard qui, dans son enseignement, pour montrer l'inanité de l'accusation reproduite dans la présente note, citait les taillis des Ardennes où le chêne se perpétue très bien à l'état pur depuis un temps immémorial. On peut y ajouter ceux de l'Odenwald, en Allemagne, et une foule d'autres taillis simples ou sous-futaie. —

aussi une sorte de colmatage naturel qui s'y produit. — Tel est le cas, par exemple pour les forêts situées le long du Rhin, et celles de la vallée de la Saône dont une appartenant à M. Broilliard. — Il y a des terrains simplement argileux, comme les terrains liasiques de la forêt de Champenoux, près de Nancy, ou les terrains schisteux des Ardennes, qui se maintiennent également dans un état satisfaisant, en vertu de l'hygroscopicité de leurs éléments minéralogiques. Il y a enfin des terrains calcaires, par exemple les terrains oolithiques qui constituent la région de la Haye en Lorraine, qui restent propres à la végétation forestière, malgré le traitement en taillis grâce à l'herbe abondante et aux arbrisseaux nombreux dont ils se garnissent immédiatement après les exploitations et à l'abri desquels les bois tendres, puis les bois durs se réintroduisent peu à peu. Il est vrai que sur ces derniers sols, le meilleur résultat que l'on puisse obtenir avec le régime du taillis est l'absence de dégradation : on constate rarement une amélioration sensible. —

En somme, c'est principalement sur les sols siliceux, les plus pauvres et les plus secs de tous, ceux du grès vosgien par exemple, ou de l'étage parisien, que le régime du taillis amène des résultats déplorables, et tend à substituer aux forêts des landes de bruyères.[1] —

§ 333 — Relevons aussi à propos du sol, les difficultés que rencontre sur les sols riches, la régénération naturelle par

---

1) Il faut remarquer que les forêts ruinées qu'on cite d'habitude pour montrer les effets désastreux du régime du taillis (voir § 289) sont précisément situées sur des terrains siliceux. D'ailleurs, quand des forêts traitées en taillis ont été ruinées il conviendrait de rechercher si elles ont été dégradées par le régime lui-même ou si leur état ne tient pas à la façon dont le régime a été appliqué et aux abus dont il a été accompagné. — Il y a des forêts ruinées qui n'ont jamais été traitées en taillis. —

la semence, à cause du tapis touffu de plantes herbacées et arbustives qui se forme sur les terrains fertiles dès qu'on y interrompt le massif. D'ailleurs ces sols, en raison de leur situation sont souvent inondés au printemps, circonstance qui contrarie également l'ensemencement naturel. — Enfin, dans les terres de 1re qualité, la protection des semis de bois dur contre les bois blancs, qui poussent avec une grande vigueur, exige des soins incessants de la part du forestier.

Avec le régime du taillis, au contraire, la reproduction des bois durs, sur les sols riches, est assurée, même en cas d'inondation, par des rejets qui luttent plus facilement que les semis contre les herbes, les morts-bois et les bois blancs.

II. – Considérations économiques.

A. – Quantité des produits. – § 334. – Différentes assertions émises au sujet de la production en matière des futaies, comparée à celle des taillis, demandent à être vérifiées. Ainsi il n'est nullement certain que la surface foliacée d'un peuplement élevé en futaie pleine soit, à tout moment, plus développée que celle d'un taillis sous-futaie, ce dernier fût-il du type de Cotta — ; la chose n'est pas évidente par elle-même.

Du reste, même en admettant qu'il en soit ainsi, la conclusion des auteurs du parallèle n'en sera pas plus légitime, car la production ligneuse d'un peuplement ne dépend pas seulement de la surface de son appareil foliacé, mais aussi de la puissance d'assimilation de cet appareil et du fonctionnement de ses racines : or ne se peut-il pas que d'une part les cépées qui, au début de leur existence, puisent une si riche alimentation dans les souches-mères, d'autre part les arbres de réserve, avec leurs cîmes constamment ensoleillées, rachètent par l'activité de leur croissance les fréquentes interruptions de l'état de massif dans le sous-bois des taillis, et compensent la consistance lâche de l'étage supérieur?

 § 335. – L'argumentation que l'on a faite (§ 286) pour prouver la supériorité de la production des futaies sur les taillis n'est probante que si, dans les forêts traitées par le mode de réensemencement naturel et des éclaircies, tout se passe conformément à la théorie. Supposons que la marche normale de la régénération y soit contrariée par des circonstances quelconques, le raisonnement ne sera plus pertinent. Or, on ne peut se dissimuler que, dans une foule de forêts, et pour des causes diverses, parfois inéluctables, les coupes ne répondent ni par leur aspect ni par leurs résultats aux données de l'enseignement.

§ 336. – Mais, en pareille matière les raisonnements, même les mieux établis, n'ont guère de poids. L'observation, dont la statistique est l'une des formes, et l'expérimentation, qui la complète, sont, dans la sylviculture, comme dans toutes les sciences physiques et naturelles, les seules bases sur lesquelles on puisse asseoir une conviction solide. Or, jusqu'à présent, ni l'expérimentation ni la statistique n'ont prouvé d'une façon absolument probante la supériorité des futaies sur les taillis au point de vue de la production en matière. –

§ 337. – Dans le domaine de l'expérimentation, on cite toujours en faveur des futaies la fameuse expérience d'Hartig.[1] Mais, comme le disait déjà M. Broilliard en 1869, il ne faut pas généraliser les résultats d'une expérience qui se rapporte à des peuplements de hêtre situés dans l'Allemagne du Nord, c'est-à-dire à une essence et à une station éminemment défavorables au régime du taillis.

§ 338. – Il ne faut pas non plus mentionner en faveur des futaies les accroissements annuels moyens à l'hectare de 5 à 6 mètres cubes

1) Voir § 287

souvent même de 10 et plus, que l'on constate dans les forêts de résineux, alors que, dans les taillis, la production est en moyenne de 3 mètres cubes et atteint très rarement 5 mètres. On ne peut pas raisonnablement opposer la production des résineux traités en futaie à celle des feuillus traités en taillis; la comparaison des deux régimes au point de vue de la production n'est légitime que lorsqu'on suppose toutes les autres circonstances, et notamment la constitution en essences, égales de part et d'autre; c'est ce que nous avons bien spécifié en formulant les conclusions du parallèle (§§ 322 et 326)

Les forêts de résineux produisent plus en matière que les taillis, non pas parce qu'elles sont traitées en futaie, mais parce qu'elles sont peuplées de résineux. A tous les âges, même dans leur jeunesse, de 0 à 40 ans, les résineux ont, en général, des accroissements annuels moyens à l'hectare beaucoup plus élevés que les feuillus[1]; or les jeunes peuplements de résineux sont comparables à des taillis et non à des futaies proprement dites, c. à d. à des peuplements dont les fûts sont constitués; on ne peut les assimiler à des futaies qu'en vertu de l'équivoque qui règne sur ce mot depuis qu'on lui a donné trois sens différents[2].

§ 339. – S'il était permis de mettre à l'actif du régime de la futaie la production des forêts de résineux, il serait permis à plus forte raison de faire valoir en faveur du régime du taillis, le rendement en matière des taillis qui renferment une proportion notable de bois blancs et qui rapportent parfois plus en volume par hectare et par an que les forêts feuillues traitées en futaie. Cela résulte du moins d'expériences faites en Allemagne par des forestiers d'un grand

---

1) On n'a qu'à consulter à cet égard des tables de production quelconques, par exemple celles que nous avons reproduites au § 49. –

2) Voir §§ 25 et 37, ad notas.

renom, tels que Feistmantel[1] et Pressler, et cela s'observe sans doute aussi sur beaucoup de points de la France. —

§ 340. — Au surplus, nous allons reproduire ici, d'après M. Pressler[2] qui professé pendant une 40e d'années à Tharand, une table des <u>rendements annuel</u> <u>moyens comparés</u> de peuplements normaux de diverses essences. Cette table se tr parmi celles qui ont été adoptées officiellement par l'Administration saxonne peut en tirer beaucoup de données intéressantes. — La lettre P désigne le rendement principal; la lettre A le rendement accessoire (produit des éclaircies moyennes telles que l'ind daient MM. Lorentz et Parade[3]). — Les nombres qui représentent le rendement principal sont valeurs maxima de l'accroissement annuel moyen pour chaque essence; ils correspondent d au terme de l'exploitabilité absolue. —

Nature des peuplements			Sol									
			de 5e classe (mauvais)		4e classe (moyen)		3e classe (bon)		2e classe (très bon)		1re classe (exceptionnel)	
			P	A	P	A	P	A	P	A	P	A
Peuplements de semence élevés en futaie	Résineux	Sapin	2,2	+ 0.7	4.6	+ 2.4	7.1	+ 4.0	9.6	+ 5.7	12.1	+ [illegible]
		Epicéa	2.2	+ 0.6	4.5	+ 1.9	6.9	+ 3.3	9.2	+ 4.6	11.6	+ [illegible]
		Pin sylvestre	2.2	+ 0.5	4.0	+ 1.5	5.8	+ 2.4	7.6	+ 3.4	9.4	+ [illegible]
		Mélèze	2.2	+ 0.6	4.1	+ 1.6	6.1	+ 2.4	8.1	+ 3.4	10.1	+ [illegible]
		Pin noir	1.7	+ 0.5	2.8	+ 1.3	3.9	+ 2.2	5.0	+ 3.0	6.1	+ [illegible]
	Feuillus	Bouleau	1.5	+ 0.5	2.8	+ 0.8	4.1	+ 1.2	5.4	+ 1.6	6.7	+ [illegible]
		Aune	2.1	+ 0.6	3.8	+ 1.5	5.6	+ 2.4	7.3	+ 3.3	9.1	+ [illegible]
		Chêne	1.7	+ 0.5	2.7	+ 1.0	3.8	+ 1.5	4.9	+ 1.9	6.1	+ [illegible]
		Hêtre	1.7	+ 0.6	2.9	+ 1.5	4.2	+ 2.4	5.5	+ 3.3	6.8	+ [illegible]
Taillis		Bois blancs prédominants	1.6	+ 0.24	3.4	+ 0.7	5.2	+ 1.2	7.0	+ 1.8	8.8	+ [illegible]
		Bois durs prédominants	1.0	+ 0.24	2.1	+ 0.5	3.2	+ 0.8	4.4	+ 1.1	5.5	+ [illegible]

1) En ce qui concerne les observations de Feistmantel, voir au § 49 la table de rendement qu'il a dressée pour les taillis de bois durs et bois blancs mélangés. On y constate que jusqu'à 30 ans les taillis rapportent plus en matière que les peuplements de semence d'essence hêtre. —

2) <u>Forstliches Hülfsbuch</u>, Berlin, Wiegand, Hempel et Parey. 1874 Table 25. —

3) Cours de culture. 6e Edition § 467.

§. 341. – Si quittant le terrain où l'observation et la statistique côtoient de très près l'expérimentation, nous entrons dans le domaine de la statistique pure, nous y rencontrons également des faits qui déroutent nos prévisions.

La Statistique forestière de 1878[1] nous montre qu'en 1876, la production moyenne en matière, par hectare et par an, est exprimée comme suit pour l'ensemble des forêts domaniales et communales de la France :

	Forêts domaniales	Forêts communales
Taillis simples	$0^{mc}.770$	$1^{mc}.290$
Taillis composés	4.260	4.000
Forêts feuillues traitées en futaie...	3.480	1.210

C'est-à-dire que, cette année là, le rendement par hectare et par an des taillis <u>composés</u> a dépassé celui des forêts feuillues traitées en futaie, aussi bien de celles qui appartiennent à l'État que de celles qui sont la propriété des Communes.

§. 342. – Au lieu de considérer toute la France, n'envisageons que la région du Nord-Est : Elle est des plus intéressantes au point de vue où nous nous plaçons, parce que les deux régimes du taillis et de la futaie y sont appliqués côte-à-côte dans des forêts comparables à certains égards. Au contraire, un vaste pays comme la France offre trop peu d'homogénéité dans les conditions de production, pour que des causes étrangères aux méthodes de traitement ne viennent pas influencer les données recueillies. Or la Statistique de 1878[2] nous fournit pour le rendement en matière

1). Paris. Impie natle 1878. P. 330 et 331
2) Ibid. P. 334 à 345

des taillis composés et des futaies de cette région des résultats absolument concordants avec ceux qui se rapportent à la France entière. C'est ce que montre le tableau suivant:

N.os des Conservations et Départements compris	Taillis simples		Taillis composés		Forêts feuillues traitées en futaie	
	Domaniaux	Communaux	Domaniaux	Communaux	Domaniales	Communales
4 Meurthe & Moselle	$2^{mc}700$	$5^{mc}680$	$3^{mc}800$	$3^{mc}530$	$4^{mc}410$	$1^{mc}560$
8 Aube	. . .	. . .	4.970	4.840	. . .	. . .
9 Vosges	. . .	. . .	. . .	3.460	2.480	2.720
10 Marne - Ardennes	1.540	2.610	4.080	4.690	2.470	. . .
16 Meuse	. . .	. . .	4.200	3.870	3.770	. . .
31 Haute-Marne	. . .	. . .	5.120	3.460	. . .	. . .
Moyennes	2.120	4.140	4.430	4.080	3.280	2.140

Seule la moyenne relative aux taillis simples communaux est singulièrement divergente; mais il faut la considérer comme non avenue, car elle repose sur un élément de calcul ($5^{mc}680$) qui se rapporte à une forêt ne couvrant pas plus de $18^{h}62^{a}$.

§ 343. Il y a des forêts traitées partie en futaie, partie en taillis où l'on constate que le rendement en matière est à peu près le même dans les deux sections, bien que celles-ci soient dans leur ensemble sur des sols identiques. Ainsi, dans la forêt de Retz, dont nous avons déjà parlé (§ 330, note 2) les séries de futaie s'étendant sur 11 500 hectares rapportent au plus $7^{st}4 = 4^{mc}900$ par hectare et par an, et les six taillis composés occupant ensemble une surface de 1500 hectares; $6^{st}9 - 7^{st}1 - 6^{st}$ $5^{st}9; - 7^{st}4 - 5^{st}6$ soit en moyenne $6^{st}5 = 4^{mc}300$, et cela d'après des relevés embrassant une période décennale.[1]

Observons enfin qu'il y a, dans la région de Villers-Cotterêts, des taillis appartenant à des particuliers, situés sur des sols de qualité moyenne, et pourvus d'une réserve ordinaire, où le rendement en matière est aussi élevé que dans les taillis de la forêt de Retz.[2]

B. Nature des produits. – § 344. – Les évaluations de MM. Cassy et Clavé[3] sur le rendement des taillis composés en bois d'œuvre paraissent être assez voisines de la vérité pour l'ensemble de la France. En effet la statistique de 1878 donne le chiffre de 23 % comme représentant la relation qui existe entre le volume de bois d'œuvre et le volume total de matière ligneuse produite par hectare et par an dans les taillis composés domaniaux.[4] Pour les taillis composés communaux la proportion descend à 12 %[4]. Pour les taillis composés des particuliers elle serait certainement plus faible encore si on avait pu la calculer. –

Mais la proportion de 23 p % est quelquefois dépassée, notamment dans les taillis sous-futaie domaniaux de la conservation d'Alençon où le rapport dont il s'agit s'élève à 33 %, et dans ceux de la conservation d'Amiens, où il va jusqu'à 53 %[5]

Or, dans les futaies pleines d'essences feuillues, la quantité de bois d'œuvre produite n'est pas aussi considérable qu'on se l'imaginerait à première vue. D'après ce que disait déjà M. Broillard en 1869, elle ne dépasse guère 60 % du matériel enlevé dans les coupes de régénération (produits principaux) et, il ajoutait que si, dans une futaie exploitable

1) Les taillis et les Futaies de la forêt de Retz, par L. Fortier. Revue des Eaux et Forêts. N.os de Mai 1873, de Janvier et d'Avril 1880. –
2) Ibidem. N.° d'Avril 1880 p. 159. –
3) Voir § 292. –
4) Statistique forestière, p. 332
5) Eidem. p. 334. –

de chêne, on trouve 50 % de gros bois d'œuvre, on doit se déclarer satisfait. — La Statistique de 1878 ne donne même que le chiffre de 0.37 comme exprimant la relation centésimale qui existe entre la quantité de bois d'œuvre récoltée dans les futaies feuillues appartenant à l'État, et le volume total de leurs produits [1]. —

Il faut reconnaître que, dans les futaies d'essences résineuses, la proportion de bois d'œuvre s'élève beaucoup plus. D'après la Statistique elle est en moyenne de 71 % pour l'ensemble des forêts résineuses domaniales [1]. Dans beaucoup de sapinières elle est de 80 %; dans de beaux massifs, comme ceux de Levier (Jura), elle monte à 90 %. On a même, paraît-il, trouvé, il y a une trentaine d'années, dans certains peuplements d'épicéa de l'inspection de Pontarlier, jusqu'à 95 % de bois d'œuvre. Mais, ainsi que nous l'avons déjà fait observer (§ 338), il n'est pas logique d'opposer aux taillis des futaies de résineux: ces dernières fournissent plus de bois d'œuvre que les taillis non pas parcequ'elles sont des futaies, mais parcequ'elles sont constituées par des résineux. —

§ 345. — Notons d'ailleurs que les recherches sur les quantités de bois d'œuvre produites par l'un ou l'autre régime sont dépourvues de rigueur scientifique, parceque la question de savoir si telle pièce de bois sera employée comme bois d'œuvre ou comme bois de feu est résolue différemment suivant les forêts, les régions et même les individus. On ferait donc bien, au lieu de se livrer à cette comparaison d'avoir recours à une classification des bois analogue à celle que les Allemands ont imaginée sous le nom de « Derbholz » et de « Reisig » et d'étudier l'influence du régime sur la façon dont les bois récoltés se répartissent entre ces deux catégories de marchandises. —

1) Statistique forestière (p. 333)

C.– Etat des produits. – § 346.– Le relevé reproduit plus haut (§ 295) relatif à la production des taillis composés en bois de marine, a plutôt le caractère d'une évaluation rapide que d'une statistique positive. Du reste, s'il montre que les bois de choix sont rares dans la réserve des taillis-sous-futaie, il ne prouve pas qu'ils sont plus abondants dans les futaies pleines.–

§ 347.– Nous avons vu (§ 296) qu'on fait parfois ressortir à l'actif du régime de la futaie cette circonstance que les tronces de bois d'œuvre qu'elle fournit sont généralement plus longues que celles qu'on obtient dans les taillis composés. A cela on peut répondre que les emplois qui exigent des pièces plus allongées que ne l'est d'ordinaire le fût des baliveaux anciens sont si rares qu'on ne saurait voir là un argument en faveur du régime de la futaie.

Au contraire, on serait fondé à dire que les tronces des arbres de réserve des taillis étant, à âge ou à volume égal, plus grosses que celles des arbres de futaie pleine, le traitement en taillis composé est, à ce point de vue, supérieur au traitement en futaie. On sait, en effet, que le prix du mètre cube de bois augmente surtout en raison du diamètre de l'arbre dont il provient.[1]

§ 348.– En s'occupant de l'état des produits, on est en droit de parler de l'influence du régime sur la plus ou moins grande fréquence des chablis, car les bois d'œuvre qui proviennent de sujets renversés par le vent sont toujours endommagés en partie, sans compter qu'ils subissent une dépréciation sensible, en raison des frais d'exploitation qu'entraîne tantôt leur éparpillement, tantôt leur amoncellement excessif.

---

1) Voir § 162.

Or, à parité de situation, il y a une proportion plus grande de chablis p[armi] les gros arbres des futaies pleines que parmi ceux qui entrent dans la réserve des taillis composés. — C'est un fait reconnu, qui s'explique a[il]leurs par cette circonstance que les arbres des futaies pleines ont d[es] fûts plus longs que ceux des taillis sous futaie; dès lors s'ils vie[nnent] à être isolés dans les coupes de régénération, ils présentent à [la] force du vent, qui trouve son point d'application dans la cîme un bras de levier plus long que ce n'est le cas pour les baliveaux anciens des taillis. En outre, ces derniers, ayant toujours crû à l'[état] isolé, ont un enracinement puissant, en rapport avec le développ[e]-ment de leur cîme, et, par ce motif encore, résistent mieux aux ouragans que les arbres des futaies pleines dont les appareils aériens et souterrains sont généralement étriqués. —

III. Considérations financières.

A. Revenu ou Rente forestière. — § 349. — Nous ne reviendrons p[as] sur les arguments par lesquels on a cherché à démontrer[1] que les for[êts] traitées en futaie doivent rapporter plus, en argent, que les taillis co[m]posés; nous nous bornerons à rappeler que, dans les sciences d'observation, les rai[son]nements, fussent-ils irréprochables, n'ont aucune valeur en présence [des] faits[2]. Or les faits ne sont pas aussi péremptoirement favorables a[u] régime de la futaie qu'on l'a cru pendant longtemps. —

§ 350. — Sans doute, il y a des taillis simples qui ne rapportent pas 1f par hectare et par an, exploités à 25 ans: par exemple certain[s] taillis de chêne yeuse du Midi de la France; tandis qu'il y a de[s]

1) Voir § 306
2) Voir § 336

forêts feuillues traitées en futaie à la révolution de 150 ou 200 ans dont le revenu annuel moyen à l'hectare va jusqu'à 80 et 100 frs: par exemple les massifs de chêne rouvre ou pédonculé, purs ou mélangés de hêtre et de charme, des conservations de Rouen, d'Amiens, d'Alençon, de Tours de Bourges. Il y a même dans le Jura des sapinières dont le rendement dépasse 200 frs.—

Mais ce sont là des types extrêmes placés dans des conditions de production si dissemblables qu'on ne saurait imputer au régime seul les écarts que présentent les revenus correspondants![1]—

§ 351.—Pour étudier avec toute la rigueur désirable l'influence du régime sur le revenu, il faudrait comparer entre elles deux forêts identiques de tous points, sauf en ce qui concerne le régime, et peuplées notamment des mêmes essences. Ainsi, par exemple, aux taillis de chêne yeuse, il ne faudrait opposer que des forêts où le chêne yeuse est élevé en futaie.

Ne pouvant en général pour des causes diverses réaliser un pareil désidératum, on devra au moins ne jamais mettre en parallèle que des forêts où les éléments de la production en argent soient peu disparates: on ne choisira, par exemple, que des types moyens, ou encore on ne considérera qu'une région forestière suffisamment restreinte.[2]

---

1) D'ailleurs même en ne mettant en parallèle que des types extrêmes, on pourrait trouver des exemples qui, généralisés, conduiraient à dire que le régime du taillis simple fournit un revenu aussi élevé que le régime de la futaie. On cite, en effet, en Alsace, des taillis simples de châtaigniers dont la coupe se vend bien de 2000 à 3000 frs. l'hectare à 25 ans et qui rapportent, par conséquent, de $\frac{2000}{25} = 80^f$ à $\frac{3000}{25} = 120^f$ par hectare et par an.—

2) C'est ce qu'ont aussi pensé les auteurs de la statistique de 1878. Voir cette publication p. 361.—

Il faudra bien entendre aussi n'opposer aux taillis que des futaies feu[illues]. Il est vrai que la comparaison des taillis et des futaies résineuses est [ad]missible lorsqu'on se place au point de vue du rendement en argent que lorsqu'on étudie le rendement pécuniaire; mais elle manque généra[le]ment d'intérêt, parcequ'il est rare qu'un bon taillis à chêne se prê[te] à la conversion en une forêt de résineux productive. Sauf le cas de l'introduction artificielle et transitoire du pin dans des forêts de plaine ruinées, la substitution des résineux aux feuillus n'est guère possible que par la voie naturelle et à la limite des aires d'habitations des deux catégories d'essences. –

§ 352. – Sous le bénéfice de ces observations, consultons la partie [de] la Statistique forestière de 1878 relative à la production des forêts en argent, suivant les régimes. Bornons notre examen aux taillis comp[osés] domaniaux et aux futaies feuillues domaniales et n'envisageons que des conservations où les uns et les autres soient représentés sur des surfaces notables et placés dans des conditions de rendement aussi disparates que possible. Nous ne trouvons pas la confirmation des chiffres relatés au cours du parallèle (§ 308). Dans plusieurs des conservations dont il s'agit les revenus des taillis composés sont sensiblement supérieurs à 25 francs et dans toutes sauf une les revenus des futaies feuillues sont inférieurs à 70 f; dans aucune d'elles l'écart entre les nombres afférents aux deux régimes n'est aussi considérable qu'on l'avait pensé; il y en a même où le revenu des taillis composés a été supérieur à celui des forêts feuillues traitées en futaie. Voici en effet quelques extraits du Tableau N° 63 p. 362. –

N.os et noms des conservations		Production en argent, par hectare en 1876		Observations
		Pour les taillis sous futaie	Pour les futaies feuillues.	
1	Paris	56f.75	40f.18	Avantage en faveur des taillis composés
4	Nancy	35.97	40.34	
7	Amiens	83.59	95.20	
10	Châlons-sur-Marne	49.15	66.41	
16	Bar-le-Duc	42.05	37.88	d.o
17	Mâcon	75.30	46.87	d.o
20	Bourges	38.28	60.87	

§. 353. – Au surplus, dressons, à l'aide des données de la statistique de 1878[1] et pour la région du Nord-Est, un tableau identique à celui que nous avons établi au § 342, avec cette différence que nous y inscrirons les rendements en argent au lieu des rendements en matière. Nous constaterons encore que les taillis composés domaniaux ont l'avantage sur toutes les autres catégories de forêts, et que les taillis composés communaux eux-mêmes ont rapporté, en 1876, plus que les forêts communales traitées en futaie. –

N.os des Conservations et départements compris.		Taillis simples		Taillis composés		Forêts feuillues traitées en futaie	
		Domaniaux	Communaux	Domaniaux	Communaux	Domaniales	Communales
4	Meurthe-et-Moselle	13f.45	28f.33	35f.97	40f.33	40f.34	30f.92
8	Aube	. . .	. . .	33.07	33.67	. . .	. . .
9	Vosges	. . .	. . .	. . .	39.41	30.97	32.17
10	Marne, Ardennes	27.26	24.28	49.15	43.20	66.41	. . .
16	Meuse	. . .	. . .	42.05	39.30	37.88	. . .
31	Haute-Marne	. . .	. . .	73.94	33.87	. . .	. . .
	Moyennes:	20.35	26.30	47.84	38.30	43.90	31.55

1) Pages 362 et 363

§ 354. – Enfin, si l'on demande des chiffres relatifs à un grand massif en particulier, nous les emprunterons encore à la forêt de Retz. L'hectare traité en futaie y rapporte au plus 68 francs, au moins 54 francs suivant les séries ; d'autre part l'hectare de taillis composé y rapporte 58, 60, 73, 51, 65, 68 fran suivant les séries, c'est-à-dire sensiblement la même chose, une soixantaine de francs.[1] Et il faut remarquer que les taillis de la forêt de Retz ne renferment pas la réserve normale de Cotta, qu'ils sont par conséquent conformes au typ admis par les auteurs du parallèle et opposé par eux à la forêt traitée en futaie

Il est probable qu'il existe dans le Nord et l'Est de la France nom de taillis-sous-futaie du même type où l'on pourrait faire des constatatio analogues, et nous savons que cela tient principalement à ce que le chêne y est abondant, tandis que dans les forêts voisines traitées en futaie le hêtre constitue le fond des peuplements.[3]

B. – Taux de placement et rente foncière. – § 355. – En ce qui conce ces deux derniers éléments de comparaison, les faits énoncés dans le parallèle, q vrais en général, souffrent également des exceptions.

Ainsi nous avons dit, en parlant de l'exploitabilité commerciale et de la façon dont l'envisagent les Allemands, qu'on arrivait quelquefois à en fixer le à 75, 80 ans et même 100 ans.[4] C'est dire qu'à ces âges le taux de placement maximum. Or des forêts soumises à des révolutions aussi longues présentent, en général, des peuplements qui, par la grosseur de leurs tiges, rentrent dans la catégori

1) Les taillis et les futaies de la forêt de Retz, par M. L. Fortier. Revue des Eaux et Forêts. Année 1880. p. 4
2) Ibid. p. 162.
3) Voir §§ 330 et 331.
4) Voir § 209.

des futaies et qui se régénèrent par la semence : il y a donc des forêts traitées en futaie qui peuvent fonctionner à un taux plus élevé que des taillis placés dans les mêmes conditions.

Il est vrai que, dans l'esprit des auteurs du parallèle, les révolutions appliquées aux forêts traitées en futaie ont toujours été supposées très longues, comprises, par exemple, entre 150 et 200 ans, de sorte qu'il ne convient pas d'insister sur le fait que nous venons de signaler [1]

IV. _ Conclusion.

§. 356. _ Voilà les principales objections qu'on peut formuler contre le parallèle, lorsqu'on reprend une à une les différentes assertions qu'il renferme, mais qu'on reste néanmoins sur le terrain que ses auteurs ont choisi pour le développer.

Ces objections sont-elles de nature à rétorquer complètement les conclusions du parallèle, à faire reporter sur le régime du taillis la faveur exclusive dont a joui, pendant longtemps, le régime de la futaie, à renverser de fond en comble une doctrine qui a été celle des fondateurs de l'École forestière et à laquelle sont demeurés fidèles des hommes éminents et honorés ? _ Certainement non.

§. 357. _ D'abord les faits qui contredisent l'ancienne théorie ne sont

---

[1] Voir § 277 _

ni assez nombreux, ni surtout suffisamment dégagés de toute cause d'erreur permettre d'opérer une pareille révolution.

Ainsi, par exemple, les relevés que nous avons puisés dans la Statistique de 1878, au sujet du rendement des forêts en matière et en argent, ne se rapport qu'à l'année 1876. Or il se peut que, cette année là, les taillis-sous-futa aient fourni des produits supérieurs au chiffre normal, par suite de la réalisation d'une partie du matériel de la réserve [1] ou pour toute autre cause, tandis le contingent des forêts traitées en futaie a été exceptionnellement faible.

Il est, du reste, inutile de faire remarquer, que les partisans exclu du régime de la futaie peuvent trouver dans la Statistique de 1878 elle-mê aussi bien qu'en dehors de celle-ci, un certain nombre d'arguments à l'a de leur thèse.

§ 358.– En second lieu, il ne faut pas oublier que les forestiers dont s'agit opposent aux taillis, non pas tant les futaies telles qu'elles sont .tuées actuellement que les « futaies pleines et régulières, d'essences d'élite telles qu'ils les conçoivent. [2] Il est, en effet, probable que, grâce aux pr réalisés peu à peu dans la manière de créer et d'élever les peuplements seul âge, les futaies de l'avenir seront plus riches que celles du temps pré en chênes vigoureux et bienvenants. Le dégagement des chênes dans les m où ils croissent en mélange intime avec les hêtres; l'éducation de bou de chênes purs ménagés çà et là au milieu des hêtrées; la création de chênaies clair-plantées avec introduction du hêtre en sous-étage; tout cela

1) C'est l'hypothèse émise par les auteurs de la Statistique, p. 331..

2) Les Taillis et les Futaies, par M. Tassy. Revue des Eaux et Forêts. Année 1880, p. 74.

ce sont autant d'étapes successivement franchies dans la voie qui conduit à l'amélioration des futaies.

§. 359. — Mais il n'en est pas moins vrai que les objections formulées sont graves et méritent toute l'attention des forestiers.

Ainsi qu'on l'a vu, les conclusions de la comparaison classique ne reposent sur une base solide qu'en ce qui concerne les taillis simples, et encore cette dernière classe de forêts peut-elle présenter des exceptions à la règle générale: ainsi le rendement en matière et le rendement en argent n'y sont pas toujours inférieurs à ceux des forêts traitées en futaie.[1]

Dès que l'élément réserve est introduit dans la conception du taillis (même alorsque cet élément couvre le tiers de la surface, au maximum, comme le veulent les forestiers de l'école de Cotta) le débat change de tournure; il cesse d'avoir toute la rigueur scientifique désirable et prête le flanc à des critiques nombreuses et justifiées. — Un des rares points qui soit définitivement acquis aujourd'hui, c'est que le traitement en taillis-sous-futaie n'est pas à sa place sur les sols siliceux formés de sable pur et qui demandent à être protégés par des massifs pleins d'essences à couvert épais. — Mais dans beaucoup d'autres circonstances, ce traitement paraît devoir être rattaché en raison des résultats qu'il fournit, bien plutôt au régime de la futaie qu'à celui du taillis. Dans l'état actuel de la sylviculture, il n'est pas permis d'affirmer notamment que l'éducation des taillis composés soit toujours incompatible avec

1) Voir §§ 339 et 340 et § 350 ad notam.

le rôle des forêts domaniales, ni de proclamer l'excellence du régime de la futaie pleine comme moyen d'assurer dans le Nord et l'Est de la F[illegible] la production d'une grande quantité de bois d'oeuvre chêne..

§ 360.– Aussi, ne faut-il pas s'étonner que, dans le corps forestier à tous degrés de la hiérarchie il se soit produit, dans ces quinze dernières années, [illegible] mouvement de réaction de plus en plus accentué vers le traitement en taillis-futaie, ni que l'enseignement de l'École ait fini par devenir entre les mai[ns] de MM. Nanquette, Bagneris et Broilliard, moins exclusivement fav[orable] au régime de la futaie pleine. Les mécomptes auxquels ont donné lieu [les] conversions entreprises avec trop de précipitation sur différents points de [la] France ont contribué pour une large part à opérer ce revirement.

En somme, si l'on admet que la question de la valeur comparée de[s] différentes méthodes d'exploitation soit susceptible d'une solution positive [1], [cette] solution ne pourra être trouvée que dans un avenir plus ou moins éloig[né], quand on aura recueilli par la voie de la statistique et de l'expérimentat[ion] tous les éléments d'information qui nous font encore défaut. Des monograp[hies] écrites par les agents du service actif sur les forêts qu'ils administrent facilit[eraient] sous ce rapport, comme sous une foule d'autres, la tâche de la Station de Recherches installée près de l'École de Nancy. L'Administration [contri]buerait aussi pour une large part à faire avancer la question en [publiant] tous les ans, comme cela se fait dans certains pays étrangers, [des] relevés statistiques sur le rendement des forêts en matière et en argent [2].

1) On verra plus loin, à l'Article IV, que la chose est contestable.

2) Voir l'Étude sur l'Expérimentation forestière en Allemagne et en Autriche, par M. [illegible] Reuss et Bartet.. Nancy.- Berger-Levrault et Cie. 1884, pages 259 et 260..

Article III. Objections plus générales basées sur les diverses Modalités que comporte un même régime, notamment sur le Jardinage et le Traitement en Futaie sur Taillis.

§ 361. Jusqu'à présent, nous nous sommes placés sur le même terrain que les auteurs de la comparaison, et nous avons raisonné comme si l'on n'avait le choix, en Sylviculture, qu'entre trois méthodes de traitement, dont les deux dernières sont assez voisines l'une de l'autre, savoir : le traitement en futaie pleine dit du réensemencement naturel et des éclaircies ; le traitement en taillis simple ; enfin le traitement en taillis composé avec une réserve couvrant au plus le tiers de la forêt.[1]

Tout aussi bien, pour ne nous occuper que des deux méthodes aptes à produire de gros bois d'oeuvre et susceptibles, par conséquent, d'être appliquées par l'État, nous avons semblé admettre que l'aménagiste chargé de régler les exploitations d'une forêt domaniale, se trouve toujours en face d'un dilemme inéluctable, dont les deux termes sont le mode des éclaircies, et celui du taillis composé de Cotta.

Cette alternative se posait, en effet, autrefois, jusqu'il y a une quinzaine d'années, au nom de principes qui seuls, pendant longtemps, ont été, considérés comme scientifiques. Mais aujourd'hui il n'en est plus ainsi. Le jardinage d'une part, le traitement en futaie sur taillis[2] d'autre part, ont conquis dans l'enseignement leur place légitime. M. Broilliard, notamment, a signalé l'importance qu'il y a à maintenir à l'état jardiné, une grande portion de notre domaine boisé, et il a montré que les prescriptions des Ordonnances de 1669

---

1) Voir § 277

2) Voir § 76 la définition de ce mode.

et de 1827 relatives aux taillis composés avaient reçu des reproches immérités.[1]

§ 362. _ Chose digne de remarque, l'Allemagne, où ont pris naissance les théories systématiquement hostiles au jardinage et au traitement en futaie sur taillis, nous présente, de son côté, un mouvement de réhabilitation du même genre. Ce mouvement ne date pas d'hier; il se révèle dans de nombreux ouvrages et des articles de revues et il ne s'est pas arrêté aux portes des écoles. Des professeurs distingués, tels que M. Gayer de Munich et M. Weise de Carlsruhe qui ont eu l'occasion d'étudier le chêne dans sa station (il n'est guère répandu que dans l'Allemagne du Sud) déclarent qu'on a avantage à le réserver sur taillis plutôt qu'à l'élever en futaie pleine partout où le sol est suffisamment argileux. Du reste, la règle de Cotta sur le couvert maximum ne paraît plus être en honneur dans les pays d'outre-Rhin et les taillis-sous-futaie y semblent destinés, suivant la vieille conception française, à permettre l'éducation du plus grand nombre possible d'arbres isolés. Quant au jardinage on l'applique aux résineux sur différents points de l'Allemagne, non seulement dans la haute mais même dans la basse montagne et sur les crêtes des côteaux.

§ 363. _ Du moment que le jardinage et le mode de la futaie sur taillis ont reçu droit de cité dans l'enseignement, il faut tenir compte de ces méthodes dans l'examen comparé des régimes. Or leur introduction dans le débat provoque une nouvelle série d'objections contre les conclusions du parallèle, car les effets

1) Nous nous occuperons en détail de ces questions quand nous traiterons de l'Aménagement des taillis composés et des forêts jardinées.

d'un régime varient évidemment avec les différents modes de traitement qu'il comporte.

§ 364.– Ainsi, en ce qui concerne le jardinage, il est certain qu'il accentuera les effets du régime de la futaie sur le sol et sur le climat ; qu'il influera, dans un sens ou dans l'autre, sur le rendement en matière (quantité, nature, état et qualité des produits), enfin, qu'il agira aussi sur le rendement en argent et, peut-être, sur le taux de placement ou sur la rente foncière.

§ 365.– Mais la substitution du jardinage au mode du réensemencement naturel et des éclaircies ne change pas autant le caractère du régime de la futaie que ne le fait, à l'égard du régime du taillis, le remplacement du taillis composé de Cotta par le taillis à réserve nombreuse de l'Ordonnance de 1827. Aussi, examinerons nous de plus près, les conséquences de l'application de ce dernier mode.

§ 366.– Tout d'abord nous avons vu (§§ 53 et 71) que le type de peuplement appelé futaie sur taillis se rapproche plus de la forêt traitée en futaie pleine que du taillis simple. Il peut même y avoir une moins grande différence entre une futaie sur taillis et une futaie pleine qu'entre une futaie sur taillis et un taillis composé dans lequel la réserve est très peu nombreuse. C'est précisément pour ce motif que nous avons considéré la forme du taillis composé comme un régime intermédiaire entre le régime de la futaie et celui du taillis simple.

Dès lors, il est évident à priori qu'un grand nombre des faits signalés dans la comparaison classique comme étant les attributs exclusifs du régime de la futaie constituent des caractères communs au régime de la futaie et à la modalité du régime du taillis-sous-futaie que nous appelons mode de la futaie sur taillis.

Mais nous allons le vérifier directement en reprenant par le menu les différents points sur lesquels porte la comparaison.

§ 367.- L'action funeste du traitement en taillis sur la fertilité du sol est certainement atténuée dans une large mesure par la présence d'une nombreuse réserve.

De même il est hors de doute qu'une futaie sur taillis doit se comporter au point de vue du climat, du régime des eaux, du maintien des terres le long des pentes, d'une façon assez analogue à celle qui s'observe dans les forêts jardinées.

§ 368.- En ce qui concerne la quantité des produits, l'argumentation développée aux §§ 286 et suivants est encore moins probante à l'égard des futaies sur taillis qu'à l'égard des taillis simples ou des taillis-sous-futaie de Cotta. Même en comparant ces derniers aux futaies pleines, les auteurs du parallèle reconnaissaient que l'écart de production pouvait être parfois très faible. A plus forte raison peut-il en être ainsi, si l'on oppose à une forêt traitée en futaie à peuplements d'un seul âge chacun, un taillis-sous-futaie riche en arbres de réserve où il reste constamment sur pied des baliveaux de toute catégorie dont les cimes à large envergure et bien ensoleillées élaborent activement l'acide carbonique de l'air. Qui sait même si la production n'est pas souvent plus grande dans les futaies sur taillis, à cause du développement considérable qu'y atteint la surface foliacée et de la façon dont celle-ci est exposée à la lumière [1].

Mais ne nous attardons pas trop à ces réflexions sur un ordre de faits qui ne relève que du domaine de l'expérimentation.[2]

§ 369. – Pour ce qui regarde l'influence du mode de traitement sur la nature des produits, il faut reconnaître que la proportion de bois d'oeuvre fournie actuellement par les taillis-sous-futaie n'est pas très-élevée ; elle n'est que d'environ 23 % du rendement total dans les taillis-sous-futaie domaniaux et de 12 % dans les communaux [3] ; ce qui fait pour l'ensemble des taillis composés soumis au régime forestier une moyenne de 16 %, si l'on tient compte de ce que les forêts communales ont une étendue double des forêts domaniales.

Mais il semble qu'on devrait avoir quelque scrupule à reprocher aux taillis-sous-futaie leur faible rendement en bois d'oeuvre, alors que pendant 50 ans, au nom des principes dont ils étaient imbus, les Agents ont généralement cherché à restreindre le nombre des baliveaux anciens et à réduire le couvert de la réserve au tiers de l'étendue de chaque coupe. Quand on a gêné l'arbre dans sa croissance est-on encore en droit de le juger d'après ses fruits ?

---

1) A ce propos, faisons remarquer en passant qu'il n'est nullement incontestable que, sur les terrains en pente, la production ligneuse, soit, toutes circonstances égales, proportionnelle à la projection horizontale de ces terrains.

2) Voir § 336

3) Voir § 341.

§ 370.– Sans prétendre que les futaies sur taillis fournissent jamais une proportion de bois d'oeuvre aussi grande que les futaies pleines (l'espacement des baliveaux et l'amplitude de leurs houppiers s'y opposent), nous pouvons affirmer que l'écart qui existait à ce point de vue entre les futaies pleines et les taillis composés du type de Cotta est considérablement réduit par l'application du mode de la futaie sur taillis.

Nous avons vu (§ 344) que la statistique de 1878 porte à 58 % du rendement total le rendement en bois d'oeuvre des taillis composés domaniaux de la Conservation d'Amiens. Et pourtant à coté des magnifiques futaies sur taillis que renferme cette région de la France, il y a de nombreuses forêts où la fertilité du sol et la consistance de la réserve n'ont rien que de très-ordinaire et qui ont dû faire baisser d'une façon sensible la moyenne calculée pour l'ensemble. Dans ces conditions n'est-il pas permis d'évaluer à 60 %, peut-être même à un chiffre plus élevé encore la proportion de bois d'oeuvre que peuvent fournir certains taillis-sous-futaie ?

Ces chiffres invraisemblables s'expliquent d'ailleurs quand on a visité, par exemple, les taillis-sous-futaie de Morchiennes et de St Amand, où il n'y a guère que les houppiers de la réserve et les ciceaux du sous-bois qui soient convertis en bois de chauffage et où presque tous les brins de taillis sont employés comme perches à mines et comptées par conséquent, comme bois d'oeuvre.

§ 371.– On objectera sans doute que les forêts dont nous venons de parler sont exceptionnelles à tous les points de vue et que la dénomination de bois d'oeuvre est élastique[1]; qu'en particulier les perches à mines provenant du

[1] Voir § 345.–

sous-bois des taillis constituent une catégorie de menus bois de service qui n'est pas comparable au bois d'oeuvre fourni par les futaies pleines ; et que, pour faire un rapprochement rationnel, il faut comparer à la quantité de bois d'oeuvre donnée par les futaies pleines, celle qu'on tire de la réserve des futaies sur taillis.

Nous n'avons malheureusement pas encore pu faire personnellement de recherches concluantes sur la quantité de bois d'oeuvre que fournissent proportionnellement à leur volume total, les arbres crûs en futaie sur taillis dans des sols de qualité moyenne. Mais nous tenons de M. Broilliard que, dans les plaines fertiles de la Saône, il y a des taillis composés exploités à 25 ans où en appliquant les principes de balivage qu'on enseigne aujourd'hui à l'École, on peut obtenir de la seule réserve (laquelle est en chêne pur) un volume de bois d'oeuvre qui est à la production totale de la forêt dans le rapport de 40 à 100. Or, croit-on que, dans une forêt feuillue traitée en futaie, où l'on espace largement les chênes conformément aux exigences, on arrive à avoir une proportion de bois d'oeuvre sensiblement supérieure à 50 % ? Ce n'est pas probable. Si on consulte la statistique de 1878, on constate qu'en 1876 dans les belles chênaies de la Conservation d'Alençon, qui croissent pourtant en massif serré, la relation dont il s'agit n'a pas dépassé $\frac{1.92}{3.53} = 0.54$.

Ainsi donc, quand on n'assigne au couvert de la réserve d'autres limites que les ressources de la forêt en arbres de choix, on est en droit d'espérer dans plus d'un cas que l'écart qui existe entre la quantité de bois d'oeuvre fournie par le traitement en futaie sur taillis et celle que donne le traitement en futaie pleine sera assez faible pour pouvoir être racheté par les autres avantages du 1er mode.

§ 372.– Nous laisserons de côté les questions moins importantes relatives à l'état et à la qualité des produits des futaies sur taillis, qui, à cet égard comme aux autres points de vue se rapprochent des futaies pleines. Nous arrivons par conséquent aux considérations financières.

Nous avons vu[1] qu'en ce qui concerne le revenu en argent, les taillis-sous-futaie tels qu'ils sont généralement constitués aujourd'hui, c'est-à-di pourvus d'une réserve peu nombreuse, semblent pouvoir lutter contre les futaies pleines. A plus forte raison la lutte parait-elle pouvoir être soute par les futaies sur taillis.

Dans la forêt de Marchiennes, (Nord) qui appartient à cette dernière catég le revenu annuel moyen à l'hectare pendant la période 1864-1873, s'est élevé, défalcation faite de toute coupe extraordinaire et d'après les évaluations les plus modérées, à 72f.06.[2] Et pourtant la presque totalité de la réserve ét à ce moment d'un âge inférieur à 90 ans, tous les arbres de futaie ayant, parait-il, été abattus pendant les premières guerres de la République, en 179 et 1793. Or, nous avons vu (§ 352) que les futaies feuillues rapportent rarement plus de 70 fs.

§ 373.– Mais il y a un fait plus concluant à citer.– La forêt de Mormal (Nord) présente, comme celle de Retz, une section traitée en futaie et une autre traitée en taillis-sous-futaie. Comme dans la forêt de Retz, les deux sections sont sur des sols identiques, à Mormal elles sont mêmes enchevêtrées l'une dans l'autre. Seulement, à Mormal, contrairement à ce qui a lieu à Retz

1) Voir § 349 à 354.

2) Voir le projet d'Aménagement en conversion du 30 Janvier 1875.–

le taillis est surmonté d'une réserve très nombreuse. Or, d'après les relevés qui viennent d'être exécutés par le Service des Aménagements, le revenu annuel moyen à l'hectare s'est élevé, pour la période 1870-1884, dans la section de futaie à 83f.06 et dans la section de taillis composé à 83f.49. Il y a donc parité de revenus, bien que dans les séries de futaie on régénère simultanément la 1re et la plus grande partie de la 5e affectation et que les produits des éclaircies y compris les extractions de vieilles écorces soient supérieurs à ceux des coupes principales. C'est d'ailleurs, comme toujours, l'abondance et la belle végétation des chênes dans les taillis composés, la prédominance des hêtres dans les peuplements élevés en futaie pleine qui expliquent ces résultats.

§ 374.- Enfin, quant au taux de placement ou à la rente foncière, il est évident qu'une futaie clair-plantée, où les taillis ne joue qu'un rôle très-subordonné, se rapproche plus d'une forêt jardinée et par suite, d'une forêt traitée en futaie pleine,[1] que d'un taillis composé modelé sur le type de Cotta. Le Capital d'exploitation peut y être considérable, le taux de placement et la rente foncière très-faibles.

§ 375.- En résumé, conformément à ce que nous annoncions plus haut,[2] si l'on cesse de rejeter comme anti-scientifiques le mode de la futaie sur taillis et celui du jardinage, on constate, mieux encore qu'auparavant, qu'une prudente réserve s'impose au forestier à l'égard des conclusions tirées du parallèle classique. Bien plus pour que ces conclusions perdent de leur valeur, il n'est même pas

1) Voir § 35.-
2) Voir § 363.-

nécessaire d'imaginer qu'on réhabilite des modes de traitement anciens ou qu'on en imagine de nouveaux. Il suffit d'introduire dans les modes classiques des modalités d'ordre secondaire si peu nombreuses ou si peu accentuées qu'elles ne constituent pas toujours des modes de traitement ppt dits portant des noms spéciaux.

§ 376.- Ainsi, supposons que, dans une forêt feuillue, peuplée de chênes et de hêtres et traitée en futaie régulière, on exécute des éclaircies en dégageant énergiquement les chênes. Cette simple façon d'exécuter les coupes d'amélioration influera très probablement sur la proportion des chênes existants dans le mélange, sur leur végétation, sur la qualité de leur bois, et, par suite sur le revenu. A la limite, les vieux peuplements fortement desserrés se rapprocheront jusqu'à un certain point des futaies sur taillis, avec cette différence que les arbres seront d'un seul âge et que le sol n'y sera pas nécessairement garni d'un sous-bois protecteur. Cette observation est précisément un des arguments qu'invoquent en faveur du traitement en futaie pleine les adversaires des futaies sur taillis. Mais sans revenir sur une question déjà discutée, rappelons [1] que l'éducation de ces futaies d'un seul âge, où il faudra souvent introduire artificiellement le hêtre en sous-bois est un des problèmes les plus délicats qu'aient à résoudre les sylviculteurs, tandis que des résultats tout aussi bons paraissent être obtenus sans peine et sans frais dans beaucoup de futaies sur taillis.

§ 377.- De même, supposons que dans la forêt exploitée en futaie, à long terme suivant le mode des éclaircies, et telle qu'on la conçoit dans le parallèle, nous abrégions la révolution et la réduisions de 150 à 120, 100, 80 ans. Par cette

---

1) Voir § 330.-

seule mesure, qui ne changera nécessairement pas le mode de traitement (car des massifs de 80 ans peuvent souvent être qualifiés de futaies en raison des dimensions de leurs tiges et se régénérer par la semence), nous ferons varier d'une façon très sensible l'action du régime sur le sol, le revenu, le taux, etc. Dès lors les résultats obtenus dans cette forêt traitée en futaie se rapprocheront beaucoup de ceux que, dans le parallèle, on attribuait au régime du taillis.[1]

§ 378.- De même encore, supposons que, dans une forêt traitée en futaie par coupes localisées, nous allongions la période de régénération et multiplions le nombre des coupes secondaires au point de ne prendre chaque fois qu'un arbre au milieu de bouquets laissés intacts, nous nous rapprocherons extrêmement du jardinage et réaliserons sensiblement ses effets, sans qu'on puisse dire à quel moment précis nous avons cessé de traiter la forêt par le mode des éclaircies.[2]

§ 379.- Nous pourrions faire des observations analogues pour le cas d'une forêt traitée par un mode quelconque, par ex. celui de la futaie sur taillis. Soumettons le sous-bois à des révolutions variables, tout en conservant toujours la réserve comme élément prépondérant, changeons le nombre des baliveaux, les catégories et les essences auxquelles ils appartiennent, introduisons ou supprimons les nettoiements, les travaux d'amélioration, etc.: nous obtiendrons de notre futaie sur taillis des résultats fort différents aux points de vue cultural, économique et financier.

§ 380.- On voit donc, en somme, que les effets d'un régime sylvicole dépendent non seulement du mode de traitement qu'on a choisi dans ce régime, mais même

---

1) D'après ce que nous avons vu aux §§ 209, 218, 219 et 221, le terme de l'exploitabilité commerciale des peuplements ou des arbres se réalise souvent vers 80 ou 100 ans. Par conséquent des forêts traitées en futaie pleine, en futaie jardinée ou en futaie sur taillis, mais où les arbres au dessus de 100 ans sont peu nombreux, peuvent « fonctionner à un taux de placement supérieur » à celui auquel fonctionnent, dans les mêmes localités, des taillis simples ou des taillis composés du type de Cotta.

2) Voir § 88.

des mesures d'ordre secondaire que comporte ce mode.

Dès lors pour juger un régime, il ne faut pas se contenter de le considérer de haut, dans ses grandes lignes ; il faut l'étudier dans ses détails et voir de quelle façon il a été appliqué dans le passé ou peut être appliqué dans l'avenir.

Article IV. – Objections de Principe à élever contre la Légitimité de la Comparaison.

§ 381. – Ce ne sont pas seulement les conclusions du parallèle classique qui peuvent être discutées. On peut même se demander jusqu'à quel point le principe en est légitime. Est-il utile et rationnel de rechercher si le régime de la futaie est supérieur ou non au régime du taillis simple ou du taillis composé de Cotta ?

D'une part se trouve une forêt traitée à longue révolution ; d'autre part une forêt exploitée à court terme et pourvue d'une réserve faible ou nulle ; la 1ère est formée de brins de semence croissant d'une certaine manière, la 2de se compose surtout de rejets de souches qui obéissent à d'autres lois naturelles ; la 1ère doit fournir principalement des bois d'oeuvre gros et moyens, la 2de du bois de chauffage ou de menus bois d'oeuvre avec une petite quantité de fortes pièces ; – la 1ère renferme un capital d'exploitation considérable, la 2de un matériel d'une importance beaucoup moindre, etc...

Ne voilà-t-il pas deux choses d'ordres bien distincts, répondant à des circonstances, à des besoins nettement tranchés ?

s'il en est ainsi, celui qui assume la tâche délicate de les comparer n'a qu'une alternative : ou bien il se contente de faire quelques rapprochements généraux qui n'aboutissent qu'à des conclusions vagues et peu intéressantes, ou bien il veut établir une correspondance rigoureuse et complète entre toutes les faces des objets mis en présence, et alors il risque de dénaturer leur aspect et de formuler des assertions hasardées.[1]

§ 382.– Comme l'a dit récemment Mr. Paul Stapfer en parlant du genre aujourd'hui démodé des parallèles littéraires, pour que les parallèles soient utiles et féconds, il faut qu'il y ait entre les deux objets qu'on rapproche et qu'on oppose, quelques points de contact intimes.[2] Or, nous craignons qu'entre les deux types extrêmes de forêts que les auteurs du « cours de Culture » ont mis en présence, ce contact ne soit pas suffisant.

Un écrivain militaire de grande valeur émettait, il n'y a pas longtemps, des réflexions fort judicieuses sur le parallèle qu'on avait l'habitude d'établir dans les cours de tactique militaire, entre le canon et le fusil.[3] On pourrait jusqu'à un certain point, appliquer ses observations au cas qui nous occupe ?

§ 383.– Pour faire une comparaison irréprochable, il faudrait, croyons-nous, se borner à mettre en regard deux modes de traitement voisins, compris dans le même régime, ou, du moins, situés sur les confins de deux régimes contigus : par ex. le mode du réensemencement naturel et des éclaircies et le mode de traitement des futaies formulé plus ou moins explicitement par l'Ordonnance de 1669 ; ou le traitement des futaies pleines et le traitement des futaies sur taillis, etc.–

---

1) Pour faire comprendre notre pensée, en l'exagérant, ayons recours à l'hypothèse suivante : Supposons qu'on nous charge d'établir un parallèle entre les avantages respectifs de la culture du blé et de celle de la betterave. Nous devons limiter la comparaison à un petit nombre de points, par exemple au rendement en argent, Nous aurions tort de la faire porter sur le produit en poids de la récolte de blé et de la récolte de betteraves, sur la qualité du blé et la qualité des betteraves, sur l'état du blé et l'état des betteraves etc...

2) Revue politique et littéraire. N° du 22 Mai 1886. page 644.

3) Voir Revue scientifique. N° du 18 Mars 1882. page 333. – Le fusil et le canon.

§ 384.– Et encore pourrait-on contester qu'il soit utile de comparer d'une façon générale deux modes de traitement fussent-ils voisins l'un de l'autre. Ces deux modes de traitement sont, en effet, des abstractions. Or est-il légitime, en sylviculture, de comparer entre eux deux procédés abstraits, sans avoir chaque fois en vue <u>une forêt déterminée</u>, placée dans des conditions bien connues et nettement spécifiées, de climat, de sol et de peuplement ? Nous n'oserions l'affirmer, car, au fur et à mesure que l'on étudie les problèmes de la sylviculture, on constate de plus en plus que les raisonnements portant sur des abstractions et conduisant à des conclusions générales sont scabreux et risquent d'être contredits par les faits.– Les conditions physiques et économiques sont si variables d'un point à l'autre d'un grand pays comme la France que ce qui est vrai au Nord peut être faux au Sud, que ce qui convient en montagne peut être mauvais en plaine. Un même mode de traitement tel que celui du réensemencement naturel et des éclaircies donne des résultats très différents suivant les régions forestières où il est appliqué et les essences qu'on y rencontre. Traitez en futaie « régulière » les chênes du Blésois, les hêtres de la Picardie, les sapins des Vosges, les épicéas du Jura, les mélèzes des Alpes, et les pins à crochets des Pyrénées, aurez-vous des résultats également bons ?

Les esprits généralisateurs et synthétiques, amoureux des conceptions simples et des systèmes absolus sont séduits par une théorie d'après laquelle les forêts de l'Etat, au moins, seraient toutes soumises à la même méthode d'exploitation. Mais est-ce forcément là que réside la vérité et, pour employer une épithète que Gerhardt appliquait à la chimie, la sylviculture doit-elle être nécessairement « <u>unitaire</u> » ? Il n'y aurait rien d'étonnant, selon nous, à ce que les régimes et les méthodes sylvicoles dussent varier suivant les contrées et mille autres circonstances, comme les régimes politiques et les régimes sanitaires[1] ; ou, si l'on trouve ces termes de

---

1) Voir à cet égard, dans la Revue politique et littéraire. N° du 4 Février 1882, page 146, sur les régimes politiques, un article d'un publiciste connu qu'on pourrait paraphraser à propos des méthodes forestières.–

comparaison trop étranges, comme les procédés agricoles.

§ 385.– De tout ce qui précède, il paraît résulter, en somme, que seules les comparaisons relatives à deux modes de traitement assez voisins l'un de l'autre, et portant sur des faits concrets, bien définis, seraient à l'abri de tout reproche et permettraient de formuler des conclusions positives. Telle serait par exemple la comparaison des effets du jardinage et du mode des éclaircies sur deux sapinières domaniales des Vosges ayant la même situation topographique.

§ 386.– La preuve que le terrain sur lequel repose le parallèle classique est un terrain glissant, c'est que, malgré soi, dès qu'on y met le pied, on risque de dévier hors des voies de la saine logique. Les règles de celle-ci, observées dans toute leur rigueur, voudraient qu'en effectuant le parallèle, et en se plaçant successivement à divers points de vue, on supposât chaque fois que toutes les circonstances sauf une sont les mêmes de part et d'autre. Par exemple, en comparant l'action des régimes sur le sol, on devrait évidemment toujours supposer que les mêmes essences peuplent la forêt traitée en futaie et la forêt traitée en taillis; on ne devrait pas opposer à une forêt de hêtre exploitée en futaie à 150 ans, un taillis de chêne exploité à 20 ans. Or nous avons vu (§§ 279 à 281 et 330 à 331) que le régime influe précisément sur la constitution de la forêt au point de vue des essences et qu'une forêt traitée en futaie renferme souvent d'autres essences qu'une forêt voisine traitée en taillis.

Ainsi, on est amené par la force des choses à s'affranchir peu à peu des conditions qui rendraient le parallèle rigoureux et on arrive sans s'en douter à opposer le revenu des taillis de chêne yeuse des Cévennes à celui des sapinières du Jura.

§ 387.- Mais, dira-t-on, pourquoi vous être livré (voir aussi) à ce parallèle que vous critiquez tant ?

Parceque, malgré les nombreuses objections auxquelles il donne lieu, ou plutôt précisément à cause de ces objections, il est d'un emploi commode pour l'enseignement. Il permet à celui qui le retrace et qui le discute ensuite d'apporter une certaine méthode dans l'exposé de faits nombreux recueillis à droite et à gauche, de discuter ces faits et d'en tirer des conclusions.

---

§ 388.- En terminant ce long chapitre nous osons exprimer l'espoir que l'on nous pardonnera la controverse que nous nous sommes permise à l'égard d'une doctrine qui a pour elle l'autorité des fondateurs de l'École forestière dont nos propres maîtres ne se sont détachés partiellement qu'avec une extrême prudence, et que des hommes distingués acceptent encore aujourd'hui sans réserve.-

Mais c'est la condition du progrès scientifique que le plus humble des travailleurs ait le droit de chercher la vérité par tous les moyens possibles même en touchant à des monuments respectables.

D'ailleurs il n'y a rien d'étonnant à ce qu'une théorie formulée quand la sylviculture était à ses débuts soit jugée imparfaite aujourd'hui. Toutes les personnes qui étudient l'évolution de cette science constatent que ses premiers adeptes étaient trop absolus dans leur manière de voir et trop portés à généraliser les faits qu'ils avaient observés. C'est aussi le propre des chefs d'école d'être exclusifs et dogmatiques, c'est même peut-être une qualité indispensable au succès de leur œuvre.

Certes, l'on ne saurait rendre un plus grand hommage au mérite de MM. Lorentz et Parade qu'en le comparant à la gloire de Cuvier. Or quelles sont les théories de Cuvier qui sont encore des articles de foi ? N'ont-elles pas été sapées jusque dans leur base par les découvertes modernes ? Il n'en est pas moins vrai qu'en paléontologie comme en anatomie comparée le nom de Cuvier est un de ceux que ces sciences aiment à inscrire au fronton de leur édifice[1].

De même si certaines doctrines de MM. Lorentz et Parade sont contestables, si même leur conception de la sylviculture rationnelle est destinée à sombrer un jour sous l'envahissement des faits nouveaux qui surgissent en masse autour de nous, il n'en est pas moins vrai qu'ils ont représenté, à une certaine époque, en France, l'esprit scientifique se dressant contre l'esprit de routine : ce titre seul suffirait à assurer à leur mémoire la vénération du corps forestier.

Chapitre III. De l'Ordre des Exploitations. Des Règles d'assiette des Coupes.

§ 389. L'ordre suivant lequel les exploitations doivent parcourir les peuplements dépend surtout de l'âge et de l'avenir de ceux-ci ; mais il est également influencé par un certain nombre de règles classiques, qu'on appelle règles d'assiette des coupes.

1) En ce qui concerne Cuvier, voir un cours de M. Mathias Duval à la Faculté de médecine de Paris (Revue Scientifique N° du 23 Janvier 1886, page 110)

Elles relèvent plutôt de l'aménagement que de la sylviculture propremen dite ; mais on les a déjà exposées dans le cours de sylviculture parcequ'i bon de les connaître pour se faire une idée exacte du traitement cultural forêts.

En principe, ces règles ne s'appliquent qu'à l'assiette des coupes ann mais nous aurons à examiner plus tard dans quelle mesure il convient de les étendre certaines divisions d'aménagement telles que les parcelles, les coupons, les affectations, les sér qui sont susceptibles de comprendre un grand nombre de coupes annuelles.

Ajoutons que ces règles ont été formulées à une époque où les coupes locale étaient seules admises, et qu'elles sont toutes, plus ou moins, contraires aux mé qui, comme le jardinage, entraînent l'exploitation de sujets disséminés au mili des peuplements. Quand on applique de pareilles méthodes, il faut chercher à s'écarter le moins possible des règles qu'on est forcé d'enfreindre.

1ère Règle. – § 390. – Les coupes doivent être assises de manière à se succéd de proche en proche d'une année à l'autre et recevoir la forme la plus régu possible.

Ce dernier membre de phrase implique, bien entendu, la recommandation de faire les coupes annuelles d'un seul tenant.

La double prescription que nous venons d'énoncer a d'abord des avantage culturaux. – En effet, lorsque la coupe d'une même année est extrêmement morc c'est-à-dire lors qu'on extrait des arbres çà et là des massifs, on crée des peuplements d'âges mêlés.[2] Or, en général, dans ces peuplements, les jeunes tige souffrent du couvert des sujets adultes ; de plus, les alternances entre l'état d

1) Voir § 61.

2) Voir § 17.

gène et l'état de libre expansion par lesquelles passent les cimes est de l'avis de presque tous les forestiers, nuisible à la qualité des bois. Quand le morcellement de la coupe annuelle est moins grand ou que, chaque coupe étant bien localisée, il arrive simplement que deux coupes annuelles successives ne soient pas contiguës, ces inconvénients se font moins sentir. Ils sont réduits au minimum quand on concentre chaque année l'exploitation dans une enceinte déterminée ayant un contour très-simple, et quand, l'année suivante on fait de même sur un emplacement contigü au 1er, et ainsi de suite. De là la 1ère règle, dont l'application crée évidemment des suites de peuplements d'un seul âge chacun et qui se touchent par ordre d'âge.

Au point de vue de la Gestion, la 1ère règle d'assiette a également des avantages. Elle permet de protéger contre les délits et les incendies les jeunes bois qui sont tout particulièrement exposés à ces dangers et qui sont alors groupés dans un même canton où l'on peut les surveiller facilement. Il est vrai que si la surveillance est par hasard en défaut, ils risquent d'être tous perdus. La 1ère règle permet aussi d'opérer l'abatage et l'enlèvement des bois sans trop nuire aux sujets à conserver, car la plupart de ceux-ci sont alors en dehors de l'enceinte des coupes. Enfin en exploitant conformément à la 1ère règle, on donne à la forêt une constitution si simple, on y introduit un ordre tel que le gérant et ses contrôleurs peuvent se rendre compte rapidement de son état et de ses besoins.[1)]

2e Règle. – § 391. – Il faut établir les coupes de manière que l'on ne soit pas obligé de traverser de jeunes peuplements pour vider la coupe en usance.

Cette règle a pour but d'éviter les dégradations causées par la vidange

---

1) Il faut remarquer que ce n'est pas seulement le jardinage et le traitement en taillis-sous-futaie qui sont proscrits implicitement par la 1ère Règle; on pourrait prétendre à la rigueur, qu'elle est aussi contraire à la régénération par coupes successives. Cela prouve qu'il ne faut pas prendre ces règles au pied de la lettre. –

des coupes aux massifs laissés sur pied lesquels souffrent d'autant plus du passage des bois exploités qu'ils sont plus jeunes.

Si on l'interprétait servilement on pourrait se contenter de disposer les coupes annuelles de façon à n'avoir à faire traverser aux bois abattus que de vieux peuplements. Mais il vaut naturellement mieux l'appliquer en donnant à chaque coupe une ou plusieurs issues sur des chemins permanents.

<u>3e Règle</u>.. § 392.. <u>On doit asseoir les coupes en marchant à l'encontre des vents dangereux</u>.

Cette prescription a pour but principal de protéger contre le vent soit les arbres réservés dans les coupes comme semenciers ou comme sujets d'avenir, soit le sol lui-même, et cela en faisant jouer le rôle d'écrans aux massifs situés du côté du vent dangereux. Elle a pour but accessoire de faciliter dans les coupes la dissémination des graines provenant des futaies voisines.

La 3e règle est surtout importante en montagne, en raison de l'intensité des courants atmosphériques qui s'y agitent et du faible enracinement que présentent en général plusieurs des essences qui s'y rencontrent. Mais ce serait une erreur de croire qu'il est inutile de l'observer dans les plaines.

Si l'application de la 3e règle entraînait de trop grands sacrifices au point de vue de l'exploitabilité, on pourrait, comme l'ont déjà du reste fait remarquer MM. Lorentz et Parade [1], tourner la difficulté en établissant du côté du vent dangereux, une lisière jardinée.

Si, d'autre part, malgré l'établissement d'une lisière bien conditionnée, le vent continuait à commettre des dégâts considérables dans le restant de la forêt

[1] Voir Cours de Culture, 6e Edition, § 433.

cela indiquerait que l'exploitation par coupes localisées n'y convient pas et qu'il faut pratiquer sur toute son étendue le jardinage, qui a incontestablement le mérite d'assurer le mieux possible l'existence des massifs.

4e Règle. § 393. En montagne les exploitations doivent être dirigées de bas en haut.

« En effet, disent MM. Lorentz et Parade,[1] ce sont les sommités qui sont les plus exposées aux ravages des vents, et lorsqu'elles sont brisées, elles en diminuent la violence. En commençant donc l'exploitation par les plateaux, on doit craindre que les parties des pentes immédiatement contigües ne soient plus suffisamment garanties et que, n'étant pas habituées à subir l'action entière et directe des ouragans, elles ne se trouvent compromises dans leur existence et dans leur régénération. En outre, les semences tombant naturellement de haut vers le bas des montagnes, il est utile que les élévations restent garnies le plus longtemps possible, pour contribuer au réensemencement des parties inférieures. »

Mais MM. Lorentz et Parade en exposant ces motifs, reconnaissent que, si l'on veut observer cette règle, il faut assurer à chaque coupe un chemin de vidange, autrement les bois, qui, en pays de montagne, sont toujours dirigés vers les vallées traverseraient forcément de jeunes peuplements.

§ 394. Maintenant, ainsi que le font encore observer les auteurs du « Cours de culture » il n'est pas toujours possible, surtout dans les pays de haute montagne et sur les versants escarpés ou rocheux, de construire un nombre de chemins

1) Voir Cours de Culture, 6e Édition, § 434.

suffisant pour desservir chaque coupe annuelle. L'établissement immédiat d[…] réseau complet de voies de vidange (chemins ordinaires ou schlittwegs) e[…] souvent jugé trop coûteux par le propriétaire de la forêt. Les glissoirs, secs[…] humides, ou les appareils à câbles, très communs en Autriche-Hongr[…] nécessitent des conditions d'exploitation toutes spéciales.

Dès lors il faut bien se résigner à faire glisser à travers les massi[…] sous-jacents, les tronces provenant de la coupe en usance, et, comme nous […] vu que c'est dans les vieux massifs que cette vidange primitive cause le m[…] de dégâts, on est conduit à violer la 4e règle d'assiette et à commencer les exploitations par le haut.

Seulement on conserve sur la crête un rideau protecteur qu'on jar[…] et qui donne l'abri nécessaire aux peuplements sous-jacents.

§ 395.- Le maintien d'un massif jardiné sur la crête nous paraît une mesure avantageuse à tel point que nous recommanderons de la prendre, mêm[…] lorsqu'un bon système de voies de vidange permet de conduire les exploitation[…] de bas en haut.

Il est bien entendu d'ailleurs que ce massif ne doit pas consister en une sim[…] bande de quelques mètres de largeur. Il doit, suivant le conseil de M. Broillar[…] être assez profond dans le sens des lignes de plus grande pente, pour que le vent qui souffle dans cette direction ne puisse pas balayer le sol de la crête et soit arrêté par les cimes des arbres du pourtour de l'écran. Autrement dit si l'on représente une section verticale de la montagne perpendiculaire à l[…] crête, le rideau protecteur doit avoir la forme schématique de la figure 4 et non de la figure 5.

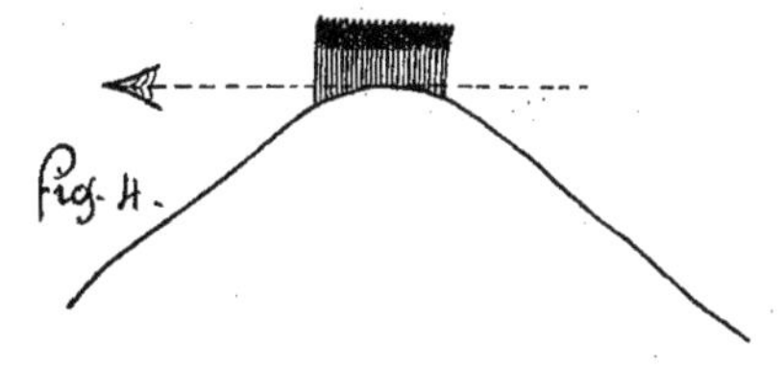

Fig. 4.

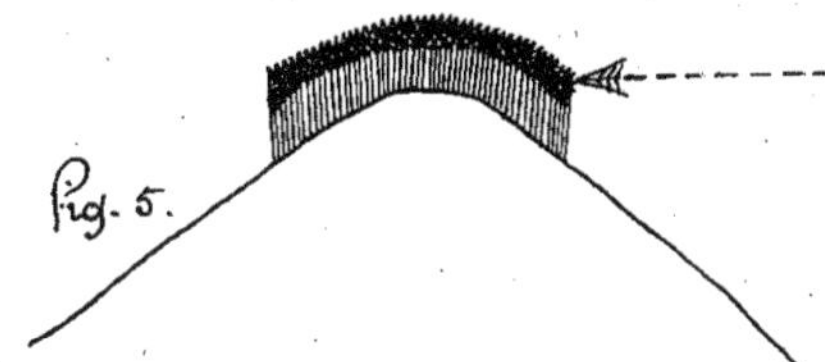

Fig. 5.

§ 396.. Lorsque la forêt occupe un versant d'un très grand développement et qu'il y a intérêt, au point de vue de la vidange, à y tracer des chemins horizontaux superposés ou des chemins en lacets à longs éléments droits, on conçoit qu'on puisse décomposer le versant en plusieurs zônes limitées chacune en amont et en aval par les chemins dont il s'agit (Voir Fig. 6). Dans ce cas, si les conditions d'exploitabilité le permettent, on exploite d'abord confor-.mément à la 4e règle, la zône inférieure A, puis la zône moyenne B, puis la zône supérieure C, en maintenant au dessus, s'il est nécessaire, un rideau jardiné D, mais, dans chaque zône, on dirige les coupes de haut en bas, de façon à ne pas faire glisser les bois à travers les jeunes peuplements. De cette façon on concilie toutes les exigences.

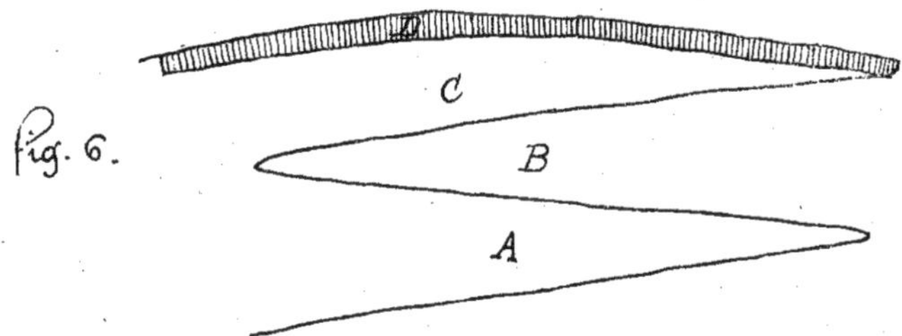

Fig. 6.

5e Règle.. § 397.. Il y a lieu de donner aux coupes situées

en montagne, en tant que les localités le permettent, une form
longue et étroite, de manière que la plus petite dimension du recta
soit dans la direction du vent dangereux. (Voir fig. 7.)

Fig. 7

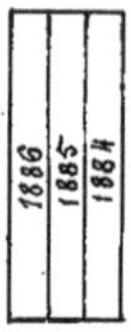

1886	1885	1884

L'application de cette règle facilite le réensemencement des coupes p
graines des massifs voisins lorsqu'on exploite à blanc-étoc et elle
à diminuer le nombre des chablis lorsqu'on laisse une réserve.

Elle n'a été formulée que pour les forêts de montagne, mais elle
aussi parfois avoir son utilité dans les plaines.

---

§ 398. — Telles sont les 5 règles d'assiette. On remarquera qu'il est par
difficile de concilier leurs diverses exigences avec les conditions d'âge et d'aven
des peuplements, c'est-à-dire les conditions d'exploitabilité. Quand il en est ain
doit prendre le parti qui entraîne le moins de sacrifices. En principe c
question d'exploitabilité qui doit primer les autres, d'autant plus qu'on peu
remédier par des biais, à l'inobservance des règles d'assiette.

L'ordre dans lequel on a numéroté celles-ci correspond, en général à leur o
d'importance; toutefois il est des cas où une règle quelconque peut être
lée à primer une règle de numéro inférieur.

Chapitre

Chapitre IV_ Du rapport soutenu.

Article Ier_ Définitions. Observations diverses_

§ 399._ Dans le chapitre précédent nous nous sommes occupés de l'ordre des exploitations. Dans le présent chapitre nous traiterons de leur quotité; non pas de leur quotité absolue, qui rentre dans l'étude de la possibilité, mais de leur quotité relative, c'est-à-dire du degré de variation que cette quotité comporte d'une époque à une autre.

On a l'habitude de poser en principe qu'en réglant la quotité des exploitations on doit chercher à réaliser autant que possible le rapport soutenu.

Qu'est-ce que c'est que le rapport soutenu ? Question complexe, délicate, qui demande à être analysée pour être résolue clairement.

§ 400._ Le rapport soutenu idéal serait l'état de choses que l'on constaterait dans une forêt où l'on couperait tous les ans, à perpétuité, un même volume de bois exploitables.

Mais un pareil desideratum ne saurait évidemment être réalisé que dans une forêt normale. En effet qu'arrive-t-il si la forêt n'est pas normale ? Comme l'accroissement des bois de la forêt et la forme tangible que revêt cet accroissement sont des fonctions du matériel sur pied, il est certain que des quantités inégales de bois deviendront exploitables dans des temps égaux. Dès lors, même si l'on coupait tous les ans un volume constant, on couperait des bois tantôt trop jeunes ou trop minces, tantôt des bois trop vieux ou trop gros, et l'on ne remplirait pas la condition du rapport soutenu idéal. D'ailleurs, le but de tout aménagement étant de créer l'état normal, on devra toujours dans la forêt anormale, opérer une épargne ou une réalisation de matériel et, par conséquent, même si l'on se place au seul point de vue du volume, s'écarter du rapport soutenu idéal.

§ 401. – Observons en passant que ce volume constant de bois exploitables qu'on pourrait couper tous les ans à perpétuité dans une forêt normale représenterait indiféremment : 1° soit la somme des accroissements de tous les peuplements de la forêt (l'accroissement moyen total de la forêt au terme de l'exploitabilité [1]) ; 2°. soit le cube du peuplement le plus âgé, du peuplement exploitable.

Ce volume serait aussi, précisément, la possibilité définie par MM. Lorentz et Parade, dans leur « Cours de Culture » [2]. Ils le constatent du reste plus loin dans cet ouvrage. [3]

§ 402. – Mais, comme ces mêmes auteurs le font également remarquer, [4] « dans la réalité, les forêts sont toujours plus ou moins éloignées de l'état normal et, d'ailleurs, une foule de circonstances fortuites rendent infiniment difficile et incertaine l'exacte détermination de cet accroissement moyen ; dès lors on se contente de régler la quotité à exploiter par année, de manière qu'elle ne varie que le moins possible. »

Ils sont amenés ainsi à qualifier de rapport soutenu un rendement qui peut varier dans une certaine mesure. C'est ce que nous appellerons le rapport approximativement soutenu, ou rapport soutenu approximatif.

1) Voir, § 99.
2) Voir, Cours de Culture, 6e Édition, § 396.
3) Voir, ——— d° ———, § 415
4) Voir, ——— d° ———, § 416

§ 403. – Ce rapport soutenu approximatif est le seul qu'on ait à envisager dans la pratique. Malheureusement il nous semble qu'on ne l'a pas toujours fait en se plaçant au même point de vue : on a visé, tour à tour, sous le nom de rapport soutenu, deux conditions assez différentes et qui ne se confondent qu'à la limite. 1° Tantôt on a appelé rapport soutenu l'état de choses qui existe quand le volume total exploité pendant une période de temps considérable, est égal à celui qui est coupé pendant une autre période de même durée ; par ex. quand, le rendement varie peu d'une « période » ou partie aliquote de révolution [1] à une période subséquente. Dans ce cas, on ne se préoccupe pas des oscillations qui peuvent avoir lieu durant la période considérée ; on admet même que les exploitations soient totalement suspendues pendant une ou plusieurs années de cette période, que le rendement soit intermittent. [2] Ce sera, pour nous, le rapport soutenu de période à période, ou rapport soutenu périodique.

2° Tantôt on a dit que le rapport soutenu était réalisé quand le rendement ne variait pas trop d'une année à l'autre dans le courant d'un même groupe d'années, par exemple de la même période ou partie aliquote de révolution, ou dans le courant d'une même décennie. Alors, on ne se préoccupait point de ce qui se passait d'une période à l'autre. Nous appellerons cette condition : rapport soutenu d'année à année ou rapport soutenu annuel. [3]

Il nous a paru utile d'établir cette distinction avant d'examiner dans quelle mesure les différentes catégories de propriétaires doivent chercher à réaliser le rapport soutenu approximatif.

Article II.

---

1) Voir § 95

2) Voir § 109

3) Il se peut qu'on ait aussi quelquefois entendu par rapport soutenu, un rapport qui va toujours en augmentant et ne s'abaisse jamais. Mais cette 3e acception dénote si peu de précision dans le langage que nous n'en tiendrons pas compte dans notre discussion.

Article II. A quel degré chaque Catégorie de Propriéta[ires] doit chercher à réaliser le Rapport soutenu

I. Rapport soutenu périodique.

§ 404. – Si l'on n'envisage que le rapport périodique voici ce qu'on sembl[e] pouvoir dire. Tout propriétaire, quel qu'il soit, doit chercher à constituer le capital normal d'exploitation et la gradation d'âges normale : c'est le bu[t] essentiel de l'aménagement [1]. Dès lors, si le capital effectif est plus grand qu[e] le capital normal, il devra en réaliser une partie ; s'il est plus petit (c[as] plus fréquent), il devra faire une épargne pendant un certain temps. D'o[ù] la conséquence qu'à de longs intervalles, les produits de la forêt seront nécessairement inégaux : dans la 1ère hypothèse, le rendement sera plus fai[ble] à la fin de la révolution qu'au commencement (sauf le cas d'améliorations eff[ec]tuées pendant la révolution) ; dans la 2e hypothèse il sera plus fort.

Comme toutes les forêts auxquelles on a affaire dans la pratique sont plu[s] ou moins anormales, (sauf les taillis simples) nous arrivons à cette conclusion qu'il faut non seulement ne pas rechercher le rapport soutenu périodique mais même s'en écarter de propos délibéré. D'ailleurs voulût-on le réali[ser] indéfiniment qu'on ne le pourrait pas, car en s'obstinant à couper toujou[rs] le même volume de bois dans une forêt anormale, on conduirait cette forêt soit à la ruine soit à la pléthore.

II. Rapport

1) Voir § 90.

II. _ Rapport soutenu annuel.

§ 405. _ Prenons maintenant la seconde manière de concevoir le rapport soutenu et voyons s'il y a une catégorie de propriétaires qui admet que le revenu oscille beaucoup d'une année à l'autre dans une même période, voire que les coupes soient totalement suspendues pendant une ou plusieurs années ; s'il y en a d'autres au contraire qui exigent que le chiffre des exploitations varie très peu d'un exercice au suivant, et ne présente qu'une hausse ou une baisse progressive.

<u>Particuliers</u>. _ § 406. _ Dès que, chez les particuliers, la propriété forestière atteint une certaine étendue, elle représente une portion considérable de leur fortune. D'autre part le taux des placements en forêts est généralement bas (3½ % au plus) et on trouve difficilement à emprunter de l'argent à un taux aussi faible. Les sommes dont les particuliers propriétaires de grandes forêts ont besoin chaque année pour vivre ils ne peuvent donc guère les obtenir que par la vente de leurs coupes. Il s'en suit qu'ils ont un intérêt sérieux à y faire tous les ans des coupes ayant à peu près la même importance.

Mais si la forêt considérée est de petite étendue, ou si, ce qui revient au même, elle ne forme qu'une portion minime du patrimoine de son propriétaire, celui-ci peut, sans inconvénient, différer les exploitations pendant un certain temps, soit pour attendre que ses bois soient exploitables, soit pour profiter d'une hausse de prix. Il peut admettre, en fin de compte, le rendement intermittent.

<u>Communes</u>. _ § 407. _ Dans les forêts communales, il y a toujours un grand intérêt à ce que les exploitations soient annuelles et, par conséquent aussi à ce

que leurs produits ne varient pas brusquement d'une année à l'autre.

En effet, les revenus qu'une commune tire de sa forêt jouent toujours un grand rôle dans son budget des recettes. D'autre part, la commune a des charges annuelles à peu près constantes. En 3e lieu elle est tenue de présenter tous les ans à l'autorité préfectoral des comptes bien équilibrés. Enfin, elle n'a pas l'activité mercantile et est incapable de suivre les fluctuations des prix des bois, de façon à faire coïncider les coupes avec les époques où le bois se vend cher.

La conclusion est que, dans les forêts communales, le rapport soutenu annuel devra être strictement observé, et qu'un aménagement qui prescrirait dans une forêt communale la suspension complète des coupes pendant plusieurs années, ou seulement leur réduction brusque à un chiffre inférieur à l'ancien, serait défectueux. Il soulèverait d'ailleurs de telles réclamations de la part de la municipalité intéressée qu'il ne serait probablement pas appliqué.[1]

§ 408. – Il arrive quelquefois qu'une forêt communale se subdivise en plusieurs cantons parcourus chacun séparément par une suite d'exploitations principales.[2] Quand les produits de ces cantons ne s'écoulent pas vers des centres de consommation différents, et qu'ils se dirigent tous vers le même point, des oscillations, voire des intermittences dans le rendement de chaque suite de coupes prise à part, sont, à la rigueur, admissibles, à la condition que, pour l'ensemble de la forêt le rapport soutenu annuel continue à être observé.

État. – § 409. – Le revenu d'une forêt domaniale déterminée, soumise à un aménagement spécial, n'a pas pour l'État l'importance qu'a le revenu

---

1) Ainsi lorsqu'un aménagiste voudra augmenter, dans une forêt communale, le capital d'exploitation actuellement sur pied, il ne devra jamais chercher à réaliser rapidement l'épargne nécessaire ; il tendra à l'opérer progressivement en adoptant pour les exploitations une taxe légèrement inférieure à la production du sol.

2) Ce sont les séries d'exploitation, dont nous parlerons plus loin.

d'une forêt communale pour la commune propriétaire. En France, en effet, dans un budget de recettes de 3 milliards, le revenu de la forêt domaniale la plus vaste ou la plus riche ne figure que pour 1 million au plus, soit pour $\frac{1}{3.000}$. On conçoit donc que la suspension pendant une ou plusieurs années des coupes d'une forêt domaniale quelconque, et, à plus forte raison, l'existence de fluctuations dans leur rendement, soient moins graves que s'il s'agissait de la forêt d'une commune.

Au point de vue des besoins de la consommation, dont l'État a surtout à s'occuper, les oscillations dans le rendement d'une forêt domaniale, ne sont pas beaucoup plus préjudiciables qu'au point de vue du revenu. En effet, en ce qui concerne le bois d'oeuvre, on peut affirmer qu'aujourd'hui les bassins de consommation se sont élargis à tel point, grâce à la vapeur, que, non seulement chaque pays forme un seul bassin, mais même les industries de toute l'Europe occidentale s'approvisionnent aux mêmes sources; de sorte que s'il y a un déficit dans le rendement des forêts d'une contrée, il est comblé par les bois venant d'une autre région. Quant au bois de feu, les bassins de consommation sont encore assez restreints, il est vrai, parceque c'est une marchandise lourde, grevée de frais de transport considérables eu égard à sa valeur. Mais le bois de feu tend à devenir un chauffage de luxe; il n'est plus indispensable aux diverses industries, et il a un succédané, la houille, qui arrive aujourd'hui dans presque toutes les localités.

D'ailleurs étant donné le grand nombre de forêts que l'État possède sur beaucoup de points du territoire, il doit arriver souvent que si les exploitations sont réduites ou suspendues dans tel massif, en vertu d'un aménagement, la baisse de revenus qui en résultera sera compensée par une hausse qui se produira dans d'autres forêts.

Par conséquent on pourra, dans l'aménagement d'une forêt domaniale dépourvue de vieux bois, attendre la maturité des bois d'âge moyen avant de les abattre et proposer d'y suspendre ou d'y réduire les coupes assez longtemps pour que le principe de l'exploitabilité soit convenablement observé. Tandis que, si cette même forêt était communale, il faudra probablement se résoudre à y attaquer des massifs encore en pleine croissance.[1]

§ 410. – Cette recommandation devra être scrupuleusement suivie pour les petites forêts, qui, en somme, peuvent toujours être considérées comme des dépendances des grands massifs domaniaux voisins.

Mais on conçoit qu'il serait dangereux d'abuser de cette faculté et de supprimer complètement, ne fût-ce que pendant une année, les exploitations d'une forêt domaniale importante. Il y aurait à cela deux inconvénients principaux. D'abord on enlèverait du travail à une population ouvrière intéressante. Ensuite on s'attirerait des réclamations de la part des administrations financières.

D'ailleurs, il se trouve souvent, dans les grandes forêts domaniales, des peuplements mal constitués ou n'offrant pas grand intérêt qu'on peut abattre à défaut de peuplements réellement exploitables. En les réalisant avant leur tour normal on ne s'impose pas un lourd sacrifice, on permet à des massifs plus intéressants de vieillir et l'on évite les inconvénients résultant de la suspension des coupes.

§ 411. – Dans tout ce que nous avons dit jusqu'à présent, il ne s'agissait que <u>d'une seule forêt</u> domaniale à aménager. Il faudrait se garder de généraliser nos assertions et de prétendre que, <u>sur l'ensemble des forêts domaniales de France</u>, le rendement <u>pût infiniment osciller</u> beaucoup

[1] En Allemagne, où le côté financier de la gestion des forêts domaniales n'est jamais perdu de vue et où une grande initiative est laissée au personnel technique, on a concilié de la façon suivante les exigences du rapport soutenu avec l'intérêt qu'il y a à régler le chiffre des exploitations d'après les [illegible]. La circonscription d'un gérant autonome est taxée, pour un laps de temps de 10 ou 12 ans, à un certain nombre de mètres cubes que devront fournir les exploitations annuelles; mais, pendant cette période, le gérant peut s'écarter plus ou moins de la taxe moyenne; il est simplement tenu de faire en sorte qu'au bout de la décennie ou de la duodécennie le contingent total fixé pour cette dernière soit atteint.

d'une année à l'autre. Il y aurait à cela des inconvénients sérieux, tant au point de vue économique qu'au point de vue financier et politique. En effet, la production ligneuse du domaine forestier de l'Etat considérée dans son ensemble, n'est pas indifférente aux besoins de la consommation, et le revenu en argent de ce domaine, qui s'élève à environ 30 millions de francs, n'est pas négligeable pour l'équilibre du budget.

§ 412.- Nous ne dirons que quelques mots du cas très rare aujourd'hui où une forêt domaniale renferme un matériel supérieur au capital normal. En pareille circonstance, il ne faut pas réaliser trop rapidement la portion surabondante, de peur d'encombrer le marché et d'avilir les prix. Cette observation conviendrait d'ailleurs pour une forêt appartenant à un propriétaire quelconque.

III_ Conclusion..

§ 413.- Les considérations auxquelles nous nous sommes livrés au sujet du rapport soutenu peuvent se résumer comme il suit:

A chaque forêt soumise à un mode de traitement et à une exploitabilité donnés correspond un capital ligneux normal, qui, en général, n'existe pas dans la pratique. Tout propriétaire a intérêt à constituer ce capital normal, et, par conséquent, à s'affranchir de la condition du rapport soutenu s'il considère de longues périodes de temps éloignées l'une de l'autre. Mais il a en même temps intérêt à ne s'acheminer que progressivement vers la réalisation de cet état normal, qu'il s'agisse de diminuer ou d'augmenter le capital d'exploitation. Il doit donc ne pas trop faire varier le revenu à de courts intervalles, même en vue d'observer le principe de l'exploitabilité.

Cette condition s'impose surtout aux communes et aux particuliers dont le patrimoine consiste principalement en forêts; l'Etat et les particuliers très-riches en valeurs agricoles ou mobilières y sont soumis à un beaucoup moindre degré.

Fin de la 1ère Partie du Cours.

Table méthodique des matières
Contenues dans le présent cahier.

Introduction.. (§§ 1 à 11)

1ère Partie. Principes généraux (§§ 12 à 413)

Livre I.. Exposé rapide des principales questions étudiées en Economie forestière et indication de la terminologie employée dans le Cours (§§ 12 à 123)

individuellement. Jardinage. (§§ 59 et 60). B.. Exploitation de peuplements; coupes localisées (§§ 61 à 66). b¹. Exploitation par coupes uniques. (§§ 62 à 64).. Exploitation par coupes à blanc-étoc. Mode dit à tire-aire; mode des bandes alternantes, etc.. (§ 63). b Exploitation avec réserve, Mode institué par l'Ordonn de 1669, etc.. (§ 64).. b². Exploitation par coupes successives, Mode dit du réensemen-cement naturel et des éclaircies; mode « jardinatoire » (Femelschlagwirthschaft) (§§ 65 e
Section II.. Modalités du régime du taillis (§§ 67 à 70).. A. Exploitation de peuplements, par coupes localisées; taillis simple ordinaire; sartage (§§ 68 et 69).. B.. Exploitation de sujets pris çà et là dans les peuplements. Furetage (§ 70).. Section III.. Modalités du régime du taillis composé (§§ 71 à 79). A. Classificat basée sur l'âge des baliveaux. Taillis du 1er, du 2d, du 3e degré, etc. (§§ 72 et 73). B.. classification basée sur le nombre des baliveaux.. Taillis composé de Cotta.. Futaie sur taillis. (§§ 74 à 79).. Section IV.. Modalités des régimes accessoires (§§ 80 e 1°. Education de perchis régénérés artificiellement (sartage à long terme) (§ 80). 2°. Tail de branches. Etêtement, émonde. (§ 81)..

Article VIII.. Des conversions et des transformations (§§ 82 et 83).

Article IX.. Des classes d'âges (§§ 84 et 85).

Article X.. Du peuplement normal, de la forêt normale, du capital d'ex-ploitation normal (§§ 86 à 90).

Article XI.. Des révolutions, des périodes, des rotations. (§§ 91 à 97).

Article XII.. De l'accroissement des bois (§§ 98 à 102). 1°. Accroissement en volume (§§ 98 à 100).. 2°. Accroissement de qualité (§ 101).. 3°. Accroissement de cherté (§ 102).

Article XIII.. De la possibilité (§§ 103 à 112). 1°. Définition fondamentale (§ 10 2°.. 2e acception (§ 104). 3°. 3e et 4e acceptions (§ 105).. 4°. 5e acception et autres acceptions

Sous-Section B. Exploitabilités financières ou relatives au rendement en argent (§§ 175 à 228).

Article I. – Exploitabilité relative à la plus grande rente forestière (§§ 175 à [...]
1ère Hypothèse. Cas d'un peuplement (§§ 176 à 182). 2e Hypothèse. Cas d'un arbre (§ 18[...]

Article II. Exploitabilité commerciale, ou relative à la plus grande rente foncière (§§ 184 à 228). 1ère Hypothèse. Cas d'un peuplement (§§ 185 à 216). Exposé de la conception réduite à ses traits essentiels (§§ 185 à 187). Remarques diverses (§§ 188 à 19[...] Formule allemande. (§§ 199 à 209).. Difficultés d'application de la théorie de l'exploitabilité commerciale. (§§ 210 et 211).. Système de M. Broilliard ou du taux de fonctionnement variable (§§ 212 à 216).. 2e Hypothèse. Cas d'un arbre (§§ 217 à 228).. Cas d'un arbre de réserve dans un taillis composé (§§ 218 à 220).. Cas d'un arbre considéré dans une forêt jardinée (§ 221).. Système de M. Broilliard (§§ 222 à 228).. Cas d'un arbre de réserve dans un taillis-sous-futaie (§§ 222 à 226).. Cas d'un arbre croissant dans une forêt jardinée (§§ 227 et 228)..

Conclusion.. Genre d'exploitabilité convenant, en France, à chaque catégorie de propriétaires forestiers (§§ 229 à 276).. I. Caractères économiques du particulier et exploitabilité qui lui convient (§§ 233 à 239).. II. Caractères économiques de l'État. Rôle des forêts domaniales (§§ 240 à 267).. Exposé sommaire de la doctrine (§§ 240 à 245).. Discussion plus approfondie de la question (§§ 246 à 262). Remarques complémentaires diverses (§§ 263 à 267).. III. Caractères économiques des communes. Esprit dans lequel doivent être aménagées leurs forêts (§§ 268 à 276)..

Chapitre II. Des régimes et des modes de traitement (§§ 277 à 388).

Article I.. Examen comparé du régime de la futaie et du régime du taillis (§§ 277 à 328).. I. Considérations culturales (§§ 279 à 285). – A. Action du régime sur les essences (§§ 279 à 281).. B. Action du régime

Article II.- A quel degré chaque catégorie de propriétaires doit chercher réaliser le rapport soutenu.-(§§ 404 à 413).- I.- Rapport soutenu [pér]iodique.-(§ 404).- II.- Rapport soutenu annuel (§§ 405 à 412).- Particuliers (§ 406).- Communes (§§ 407 et 408).- État (§§ 409 à 412).- III.- Conclusion (§ 413).

www.ingramcontent.com/pod-product-compliance
Ingram Content Group UK Ltd.
Pitfield, Milton Keynes, MK11 3LW, UK
UKHW020445200726
13857UKWH00002B/572